国家林业和草原局普通高等教育"十四五"规划教材

有机化学学习指导

付田霞　苏　瑛　主编

中国林业出版社
China Forestry Publishing House

内 容 简 介

本书按照官能团设计章节，共有 12 章，包括：饱和脂肪烃，不饱和脂肪烃，环烃，旋光异构，卤代烃，醇、酚、醚，醛、酮、醌，羧酸及其衍生物，取代酸，胺，天然有机化合物，波谱和质谱在有机化学中的应用。每章均包含内容提要和习题两部分。书后配备了 12 套模拟考试题：2 套本科生期末考试课堂预测试题，分为工科和农科；5 套本科生期末考试模拟题，供学生期末考试前自测之用；5 套研究生入学考试模拟题，以方便学生根据自己报考的专业方向有针对性地选择套题进行练习。这12 套题均配备了参考答案，并对重点题、难题进行了解析，供学习者参考。

图书在版编目（CIP）数据

有机化学学习指导 / 付田霞，苏瑛主编. -- 北京：
中国林业出版社，2025.5. --（国家林业和草原局普通
高等教育"十四五"规划教材）. -- ISBN 978-7-5219
-3070-2

Ⅰ. O62

中国国家版本馆 CIP 数据核字第 2025B0E291 号

策划编辑：高红岩
责任编辑：曹　阳
责任校对：梁翔云　曹　慧
封面设计：睿思视界视觉设计

出版发行：中国林业出版社
　　　　　（100009，北京市西城区刘海胡同 7 号，电话 010—83223120　83143611）
电子邮箱：jiaocaipublic@163.com
网址：https://www.cfph.net
印刷：北京盛通印刷股份有限公司
版次：2025 年 5 月第 1 版
印次：2025 年 5 月第 1 次印刷
开本：787mm×1092mm　1/16
印张：11
字数：248 千字
定价：36.00 元

《有机化学学习指导》编写人员

主　编　付田霞　苏　瑛

副主编　褚清新　刘　壮　黄群星

编　者（按姓氏拼音排序）

褚清新(沈阳农业大学)

付田霞(沈阳农业大学)

黄群星(沈阳农业大学)

李丽梅(沈阳农业大学)

刘晓宇(沈阳农业大学)

刘　壮(沈阳农业大学)

明　霞(沈阳农业大学)

苏　瑛(沈阳农业大学)

王晓青(北京理工大学)

王轶蓉(辽宁中医药大学)

徐清海(沈阳农业大学)

许　旭(辽宁大学)

前　言

　　有机化学是高等农林院校本科教学的一门重要基础课程。由于有机化合物种类繁多、结构复杂，每种化合物的化学性质既具有一定的联系，又有各自的特殊性，学生往往陷入上课听得懂，课后却不会做题的窘境。针对这一情况，在对每一章所学的知识点进行归纳总结的基础上，对相应知识点辅以配套习题的演练显得十分必要。因此，配套习题是有机化学学科初学者或想在相关领域进一步深造的学生，加强有机化学课程学习不可或缺的重要环节。

　　党的二十大报告指出："深化教育领域综合改革，加强教材建设和管理，完善学校管理和教育评价体系，健全学校家庭社会育人机制。"对教材体系和内容的不断完善，是教育领域改革的重要方面。因此，为了满足学生对有机化学进一步学习的需求，帮助学生在较短的时间内对有机化学的知识体系有着较好的理解、掌握和记忆，培养学生正确的解题思维，更好地配合本教研室编写的《有机化学》的教学使用，我们编撰了这本《有机化学学习指导》。

　　本书在章节的安排顺序上与《有机化学》教材相同，共 12 章。其中，刘晓宇负责判断题，苏瑛负责合成题，褚清新负责排列顺序题，刘壮负责推导结构题，黄群星负责单项选择题，付田霞负责命名题、填空题、完成反应题及全书的整理统稿工作，其他编者负责全书的校对工作。

　　由于编者的水平有限，对问题的理解可能不够全面和确切，书中难免出现错误或不当之处，敬请读者批评指正。

编　者

2025 年 3 月于沈阳

目　录

第一章　饱和脂肪烃

◀ 内容提要 ▶

将由 C、H 元素组成，通式为 C_nH_{2n+2} 的一类化合物称为烷烃。烷烃是各类有机化合物的母体，是有机化学最基础的内容。

(一) 烷烃的命名

1. 普通命名法

直链烷烃按其所含碳原子的数目命名为"某烷"。碳原子数由 1～10 用天干，即甲、乙、丙、丁、戊、己、庚、辛、壬、癸表示。自 11 起则用汉字数字表示。例如：

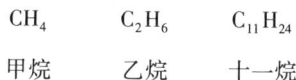

$$CH_4 \qquad C_2H_6 \qquad C_{11}H_{24}$$

甲烷　　　乙烷　　　十一烷

含支链的烷烃用"异"和"新"加以区别，例如：

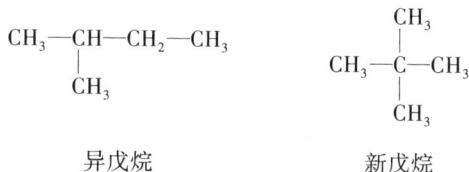

$$CH_3—CH—CH_2—CH_3 \qquad\qquad CH_3—\overset{\displaystyle CH_3}{\underset{\displaystyle CH_3}{\overset{|}{\underset{|}{C}}}}—CH_3$$

异戊烷　　　　　　　新戊烷

2. 系统命名法

要想掌握系统命名法，首先要熟悉烷基，烷基是指烷烃分子去掉一个 H 后所剩下的原子团，用通式 C_nH_{2n+1}— 或 R— 表示。例如：

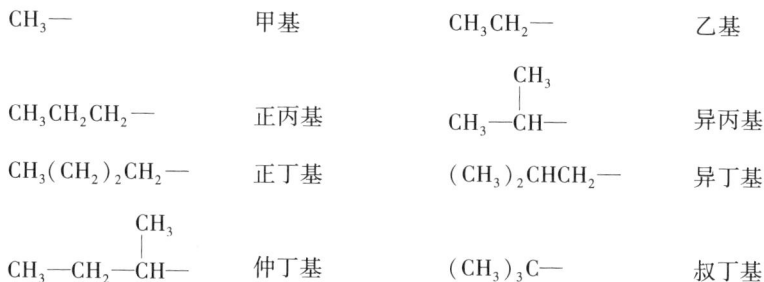

CH_3—	甲基	CH_3CH_2—	乙基
$CH_3CH_2CH_2$—	正丙基	$CH_3—\overset{CH_3}{\overset{\|}{CH}}$	异丙基
$CH_3(CH_2)_2CH_2$—	正丁基	$(CH_3)_2CHCH_2$—	异丁基
$CH_3—CH_2—\overset{CH_3}{\overset{\|}{CH}}$	仲丁基	$(CH_3)_3C$—	叔丁基

系统命名法命名原则归纳如下：

①选主链。选择分子中最长的碳链为主链，把支链看作取代基，根据主链含碳原子的数目称为某烷。若有等长碳链均可作主链时，应选择取代基最多的作为主链。

②编号。从距取代基最近的一端起，用阿拉伯数字依次编号，将取代基的位次和名

称写在主链名称之前。

③主链上连有多个取代基时，相同的取代基写在一起，不同的取代基按顺序规则排序，小的基团先列出。例如：

$$CH_3-CH-CH_2-CH-\overset{\overset{\displaystyle C_2H_5}{|}}{C}-CH_2-CH_3$$

$$\underset{CH_3}{|} \quad \underset{C_3H_7}{|} \underset{CH_3}{|}$$

2,5-二甲基-5-乙基-4-(正)丙基庚烷

(二) 碳原子和氢原子的分类

按照烷烃中碳原子所处位置的不同，可将其分为四种类型：只与一个碳原子相连的碳原子称为伯碳原子或一级碳原子，常用 1°表示；直接与两个碳原子相连的碳原子称为仲碳原子或二级碳原子，用 2°表示；直接与三个碳原子相连的碳原子称为叔碳原子或三级碳原子，用 3°表示；直接与四个碳原子相连的碳原子称为季碳原子或四级碳原子，用 4°表示。例如：

$$CH_3-\overset{\overset{\displaystyle CH_3}{|}}{\underset{\underset{\displaystyle CH_3}{|}}{C}}\overset{4°}{{}}-\overset{\overset{\displaystyle CH_3}{|}}{\underset{\underset{\displaystyle H}{|}}{C}}\overset{3°}{{}}-\overset{2°}{CH_2}-\overset{1°}{CH_3}$$

伯、仲、叔碳原子上所连接的氢原子相应地称为伯、仲、叔氢原子。不同类型的氢原子在某些反应中的相对活性不同。

(三) 烷烃的结构

烷烃中的碳原子以 sp^3 杂化形式成键。由 sp^3-sp^3、sp^3-s 轨道沿着键轴对称地重叠形成 σ 键。轨道几何构型及分子的几何构型均为四面体。例如，甲烷分子的空间构型为正四面体。

(四) 烷烃的异构

烷烃的分子中有两种异构现象：一种是结构异构，即由于碳原子的连接方式不同而产生的异构现象，称为碳链异构。例如，丁烷中的 $CH_3-CH_2-CH_2-CH_3$ 和 $CH_3-CH-CH_3$；
$$\underset{CH_3}{|}$$
另一种是立体异构，即由于围绕碳碳单键旋转而使分子中的原子或基团在空间有不同的排列方式，称为构象。例如，乙烷中的两种典型构象：

交叉式构象　　　　　　　　　重叠式构象

其中，交叉式构象为乙烷的稳定构象。

丁烷中的 4 种典型构象：

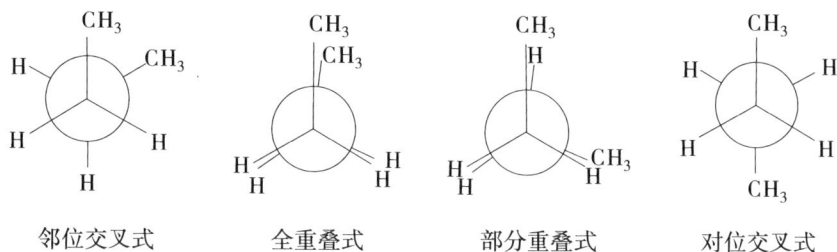

邻位交叉式　　　　全重叠式　　　　部分重叠式　　　　对位交叉式

4 种构象的稳定次序为：对位交叉式>邻位交叉式>部分重叠式>全重叠式。

（五）化学性质

烷烃的主要反应是卤代：

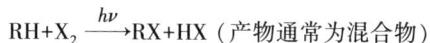

$$RH+X_2 \xrightarrow{h\nu} RX+HX （产物通常为混合物）$$

X_2 的反应活性为：$F_2>Cl_2>Br_2>I_2$；H 的反应活性为：$3°>2°>1°$。

卤代的反应机理为自由基反应，包括链的引发、链的增长、链的终止 3 个阶段。

◀ 习　　题 ▶

1. 写出 C_5H_{12} 的同分异构体，并用系统命名法命名。

2. 按系统命名法，命名下列各化合物。

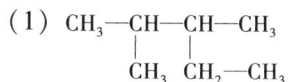

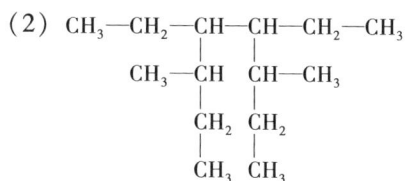

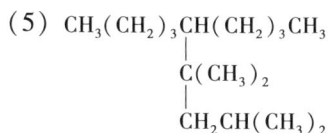

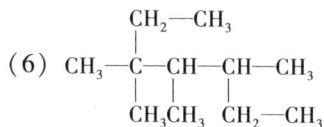

（1）
$$CH_3-\underset{\underset{CH_2-CH_3}{|}}{\overset{\overset{CH_3}{|}}{CH}}-CH-CH_3$$

（2）
$$CH_3-CH_2-CH-CH-CH_2-CH_3$$

（3）$(CH_3)_3CCH_2CH_2CH_3$

（4）$(CH_3)_2C(C_2H_5)_2$

（5）
$$CH_3(CH_2)_3CH(CH_2)_3CH_3$$

（6）

3. 写出下列化合物的结构式，如有错误请予以修正。

（1）3,3-二甲基丁烷

（2）2,3-二甲基-2-乙基丁烷

（3）2,2,4-3 甲基戊烷

（4）1,1,1-三甲基-3-乙基戊烷

4. 写出下列化合物的纽曼投影式。

（1）正丁烷的邻位交叉式构象

（2）丙烷的最稳定构象

（3）1,2-二溴乙烷的对位交叉式构象

（4）1,2-二氯乙烷的部分重叠式构象

5. 请将下列化合物按沸点由高到低排序。

(1)2-甲基己烷　　　(2)庚烷　　　(3)2,2,3-三甲基丁烷　　　(4)癸烷

6. 烷烃氯代的链反应历程有哪几个阶段?

7. 化合物 A 的分子式为 C_5H_{12}，其一氯代物只有一种，试写出化合物 A 的结构式。

8. 写出下列化合物的结构式。

(1)2,3-二甲基-4-乙基己烷　　　(2)3,4,4,5-四甲基庚烷

(3)2,4-二甲基-5-异丙基壬烷　　　(4)2,2,6,6-四甲基-4-叔丁基庚烷

(5)2,5-二甲基-4-仲丁基庚烷　　　(6)3,4,5-三甲基-4-丙基辛烷

9. 单项选择题。

(1)下列化合物名称中符合 IUPAC 原则的是(　　　)。

A. 2,4,4-三甲基戊烷　　　　　　B. 2,3,4-三甲基戊烷

C. 2-乙基-3-甲基戊烷　　　　　　D. 2,3-二甲基-3-乙基戊烷

(2)下列关于自由基的论述正确的为(　　　)。

A. 自由基来自共价键的异裂

B. 自由基是带负电的微粒

C. 自由基是电中性的原子

D. 自由基是由共价键均裂形成的，具有未配对电子的原子或原子团

(3)自由基的稳定次序为(　　　)。

A. $1°>2°>3°$　　　B. $2°>1°>3°$　　　C. $3°>2°>1°$　　　D. $2°>3°>1°$

(4)烷烃分子中碳的杂化类型为(　　　)。

A. sp　　　　　B. sp^2　　　　　C. sp^3　　　　　D. s^2p

(5)甲烷分子的空间结构为(　　　)。

A. 直线形　　　B. 平面三角形　　　C. 平行四边形　　　D. 正四面体

第二章　不饱和脂肪烃

◀ **内容提要** ▶

（一）单烯烃

1. 结构和命名

烯烃分子中含有双键，其双键碳的杂化类型为 sp^2，双键中一个是 σ 键，另一个是 π 键。单烯烃的通式为 C_nH_{2n}。

按 IUPAC 法，烯烃的命名是选择含有双键的最长碳链作主链，编号从距双键最近的一端开始，命名时与烷烃类似，将"烷"改为"烯"即可。例如：

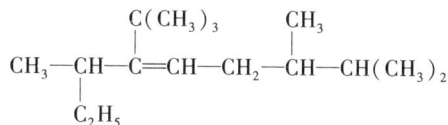

$$CH_3-CH-\overset{\overset{\displaystyle C(CH_3)_3}{|}}{C}=CH-CH_2-\overset{\overset{\displaystyle CH_3}{|}}{CH}-CH(CH_3)_2$$
$$\underset{\displaystyle C_2H_5}{|}$$

3,7,8-三甲基-4-叔丁基-4-壬烯

烯烃分子中去掉 1 个 H 原子称为烯基。例如：

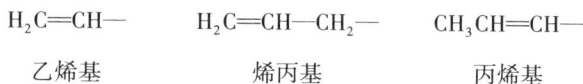

$$H_2C=CH- \qquad H_2C=CH-CH_2- \qquad CH_3CH=CH-$$

乙烯基 　　　　 烯丙基 　　　　 丙烯基

当烯烃有几何异构体时，一定要标明其构型。几何异构体命名的依据是顺序规则。顺序规则的主要内容有 3 点：

①将双键碳原子上的原子或基团的第一个原子按其原子序数的大小，依次排列，排在前面的为优先基团。

②如果与双键碳原子直接相连的两个基团的第一个原子相同，则依次向下比较第 2、3、4……位原子，直到比出大小为止。

③如果取代基是不饱和基团，则将双键看成重复连接两次，三键看成重复连接 3 次。根据顺序规则，确定出每个双键碳上的较优基团。若两个较优基团处在双键平面同侧时为 Z 构型，反之为 E 构型。

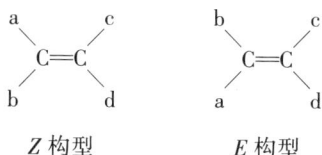

$$\begin{array}{cc} \underset{b}{\overset{a}{\diagdown}}C=C\underset{d}{\overset{c}{\diagup}} & \underset{a}{\overset{b}{\diagdown}}C=C\underset{d}{\overset{c}{\diagup}} \end{array}$$

Z 构型 　　　　　 E 构型

(a>b，c>d)

2. 化学性质
（1）加成反应

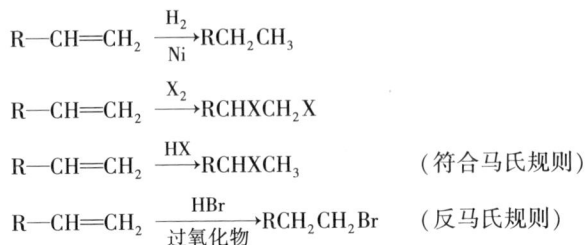

马氏规则：不对称烯烃与卤化氢加成时，卤素总是加到含氢较少的双键碳原子上，氢加到含氢较多的双键碳原子上。

（2）氧化反应

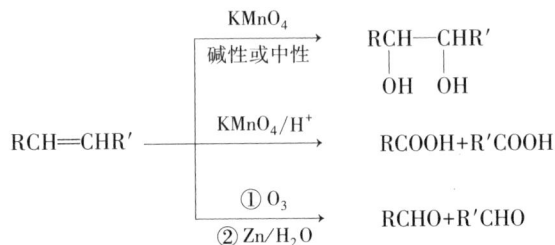

（二）炔烃

炔烃分子中含 —C≡C— ，通式为 C_nH_{2n-2}，其三键碳的杂化类型为 sp，各类碳原子杂化轨道类别见表 2-1。与烯烃比较，它们都具有 π 键，所以性质有相似的一面，但由于三键和双键有所不同，炔烃在化学反应中也表现出它独特的性质。

表 2-1　杂化轨道小结

轨道名称	s 成分	夹角	几何构型	实例
sp^3	1/4	109°28′	正四面体	CH_4
sp^2	1/3	120°	正三角形	$CH_2{=}CH_2$
sp	1/2	180°	直线形	$CH{\equiv}CH$

1. 命名
炔烃的命名与烯烃相似。如：

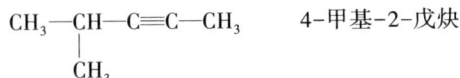

烯炔的命名应选择含双键和三键的最长碳链作为主链；按最低系列原则给双键、三键以最低编号，但当双键、三键处在相同位置时，则给双键最低编号。

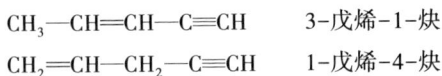

2. 化学性质

(1) 加成反应

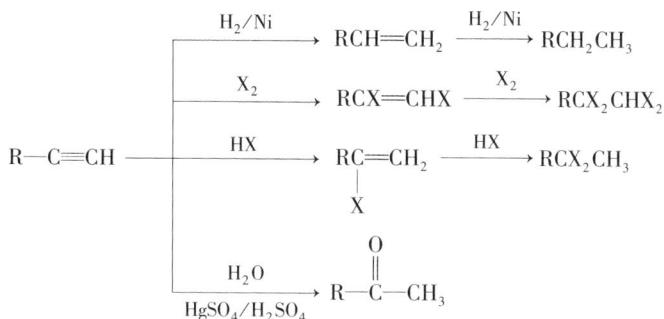

(2) 氧化反应

(3) 金属炔化物的生成

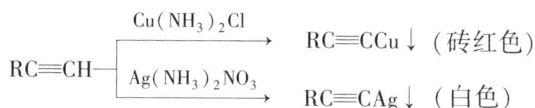

(三) 共轭二烯烃

1. 加成反应

共轭二烯烃的加成反应有两种，反应过程如下：

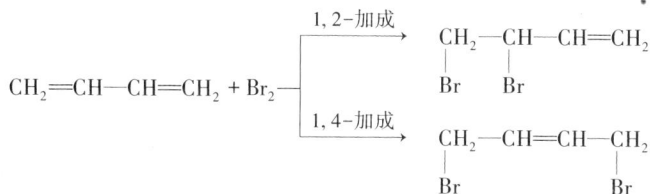

2. 双烯合成 (Diels-Alder) 反应

共轭二烯和某些亲双烯体作用，生成六元环烯化合物的反应称双烯合成。

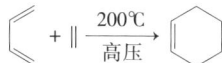

◀ 习　题 ▶

1. 用系统命名法命名下列化合物。

(1) $(CH_3)_3CCH=CHCH_2CH_3$

(2) $(C_2H_5)_2C=C(CH_3)CH_2CH_3$

(3) $CH_2=CHCH=C(CH_3)_2$

(4) $CH≡C-CH_2CH-CH_3$
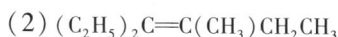

(5)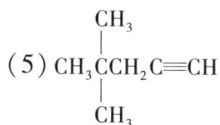

(6)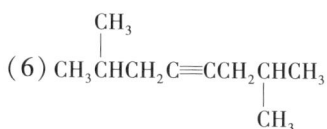

$(7)\ CH_3CH=C-C\equiv CH$
　　　　　　$|$
　　　　　　CH_3

$(8)\ CH\equiv CCH_2CH_2CH=CH_2$

(9)
$$\underset{H_3CH_2C}{\overset{H_3C}{}}C=C\underset{CH(CH_3)_2}{\overset{CH_2CH_2CH_3}{}}$$

(10)
$$\underset{H}{\overset{H_3C}{}}C=C\underset{\underset{H}{\overset{H}{}C=C\underset{CH(CH_3)_2}{\overset{H}{}}}{\overset{CH_2CH_2CH_3}{}}$$

2. 完成下列反应。

$(1)\ CH_3-CH=CH-C_2H_5\ \xrightarrow{Br_2}$

$(2)\ CH_3-CH_2-\underset{\underset{CH_3}{|}}{C}=CH_2\ \xrightarrow{HBr}$

$(3)\ CH_3-\underset{\underset{CH_3}{|}}{C}=CH-CH_3\ \xrightarrow[H_2O_2]{HBr}$

$(4)\ CH_2=CHCHC\equiv CH\ \xrightarrow{Br_2(1\ mol)}$
　　　　　　　$|$
　　　　　　　CH_3

$(5)\ CH_3CH=CHCHCH=C\underset{CH_3}{\overset{CH_3}{}}\ \xrightarrow{KMnO_4/H^+}$
　　　　　　$|$
　　　　　　CH_3

(6) ⬡ $\xrightarrow{Br_2}$

$(7)\ (CH_3)_2C=CH_2\ \xrightarrow[②Zn/H_2O]{①O_3}$

$(8)\ CH_3CH_2C\equiv CCH_3\ \xrightarrow[HgSO_4/H_2SO_4]{H_2O}$

$(9)\ CF_3-\overset{*}{CH}=CH_2\ \xrightarrow{HBr}$

(10) ⧫ $+\ \underset{CH-C}{\overset{CH-C}{\parallel}}\underset{\underset{O}{\parallel}}{\overset{\overset{O}{\parallel}}{}}O\ \longrightarrow$

$(11)\ \underset{CH_3}{\overset{CH_3}{}}C=CH_2\ \xrightarrow[H_2SO_4]{H_2O}$

$(12)\ CH_3CH_2C\equiv CH\ \xrightarrow{Ag(NH_3)_2^+}$

3. 用简单而明显的化学方法鉴别下列各组化合物。

(1) 2-甲基丁烷，3-甲基-1-丁炔，3-甲基-1-丁烯

(2) 1-戊炔，2-戊炔

(3) 1-戊烯，1-戊炔，1,3-戊二烯，戊烷

4. 比较下列碳正离子的稳定性。

$(1)\ CH_2=CHCH_2CH_2\overset{+}{C}H_2$　　　$(2)\ CH_2=CHCH_2\overset{+}{C}HCH_3$　　　$(3)\ CH_3CH=CH\overset{+}{C}HCH_2CH_3$

5. 怎样除去下列化合物中的少量杂质?

(1) 庚烷中含有少量的庚烯。

(2) 3-甲基-3-氯戊烷中含有少量的3-甲基-2-戊烯。

6. 推导结构。

(1) 某烃的分子为 C_7H_{10}，剧烈氧化后得到 HOOC—COOH(草酸)及 $CH_3COCH_2COCH_3$。写出这个烃的结构式。

(2) 化合物 A(C_9H_{16})加 H 时得到化合物 B(C_9H_{20})；把 A 进行氧化分解，得到等摩

尔的 CH_3COOH、$(CH_3)_2CHCOOH$ 和 $CH_3COCOOH$。推导 A 的结构。

（3）化合物 A 和 B 都含有 C(88.8%)、H(11.1%)，相对分子质量为 54，且都能使 Br_2/CCl_4 溶液褪色。A 与 $Ag(NH_3)_2^+$ 溶液作用生成沉淀，A 经氧化最终得到 CO_2 和 CH_3CH_2COOH；B 不与 $Ag(NH_3)_2^+$ 溶液作用，氧化 B 得到 CO_2 和 $HOOCCOOH$。推导 A、B 的结构式。

（4）某化合物的相对分子质量为 82，1 mol 该化合物可吸收 2 mol 的 H；当它和 $Ag(NH_3)_2^+$ 溶液作用时，没有沉淀生成；当它吸收 1 mol H 时，产物为 2,3-二甲基-2-丁烯。写出该化合物的构造式。

（5）有 3 种化合物 A、B、C，它们都具有分子式 C_5H_8，它们都能使 Br_2/CCl_4 溶液褪色。A 与 $Ag(NH_3)_2^+$ 溶液作用生成沉淀；B、C 则不能；当用 $KMnO_4$ 溶液氧化时，A 得到丁酸和 CO_2，B 得到乙酸和丙酸，C 得到戊二酸。写出 A、B、C 的结构式。

（6）在石油裂化气中，分离出分子式为 C_6H_{10} 的液体，它加 H 生成 2-甲基戊烷，在 $HgSO_4/H_2SO_4$ 催化下与水作用生成 $CH_3CH(CH_3)CH_2COCH_3$，C_6H_{10} 若与 $Cu(NH_3)_2Cl$ 的溶液作用有沉淀生成。试推导 C_6H_{10} 的构造式。

7. 单项选择题。

（1）下列化合物中，构成分子的原子全部处于同一平面上的是（　　　）。

A. 乙烯　　　　　B. 1,3-戊二烯　　　　C. 丙二烯　　　　D. 乙烷

（2）下列化合物中无顺反异构体的是（　　　）。

A. $CH_3CH{=}CHCH_3$ 　　　　　　　　B. $CH_3CH{=}C(CH_3)_2$

C. $(CH_3)_3CCH{=}CHCH_3$ 　　　　　D. $CH_3CH_2CH{=}CHCH_3$

（3）鉴别己烷、1-己烯、1-己炔的试剂是（　　　）。

A. Br_2/CCl_4 　　　　　　　　　　　B. $KMnO_4/H^+$

C. $HgSO_4/H_2O$ 　　　　　　　　　　D. Br_2/CCl_4 和 $Ag(NH_3)_2^+$

（4）炔烃 $CH_3C{\equiv}CCH_2CH_3$ 在酸性 $HgSO_4$ 催化下与 H_2O 加成后生成（　　　）。

A. 一种醛　　　B. 烯丙基醇　　　C. 两种酮　　　　D. 二元醇

（5）共轭二烯烃 $CH_2{=}CHCH{=}CH_2$ 与 Br_2 的 CCl_4 溶液作用，不可能得到的产物是（　　　）。

A. $\underset{\underset{Br}{|}\,\underset{Br}{|}}{CH_2CHCH}{=}CH_2$ 　　　　　　　B. $\underset{\underset{Br}{|}\qquad\underset{Br}{|}}{CH_2CH}{=}CHCH_2$

C. $\underset{\qquad\underset{Br}{|}\,\underset{Br}{|}}{CH_2{=}CHCHCH_2}$ 　　　　　　　D. $\underset{\underset{Br}{|}\qquad\underset{Br}{|}}{CH_2CH_2C}{=}CH_2$

（6）按吸电子能力从大到小排列为（　　　）。

A. $-F{>}-C_6H_5{>}-OH{>}-CH_3$ 　　　　B. $-F{>}-C_6H_5{>}-CH_3{>}-OH$

C. $-CH_3{>}-F{>}-C_6H_5{>}-OH$ 　　　　D. $-F{>}-OH{>}-C_6H_5{>}-CH_3$

（7）下列关于 π 键的论述错误的是（　　　）。

A. π 键不能单独存在，在双键或三键中与 σ 键同时存在

B. 成键轨道平行重叠，重叠程度小

C. π 键具有阻碍旋转的特性

D. 电子云受核的约束大，键的极化度小

(8)下列化合物属于直线形的是(　　)。

A. CH_3CH_3　　　　B. $CH_2{=}CH_2$　　　　　　C. $CH{\equiv}CH$　　　　D. $CH_3C{\equiv}CH$

(9)下列化合物中，既含有 sp、sp^2 杂化碳原子又含有 sp^3 杂化碳原子的是(　　)。

A. $CH_3CH_2CH_2CH_3$　　　　　　　　　B. $CH_3CH{=}CHCH_3$

C. $CH{\equiv}CCH{=}CHCH_3$　　　　　　　　D. $CH_2{=}CHCH{=}CH_2$

(10)反应 　　　　　　→ 　　　　　　 的催化剂是(　　)。

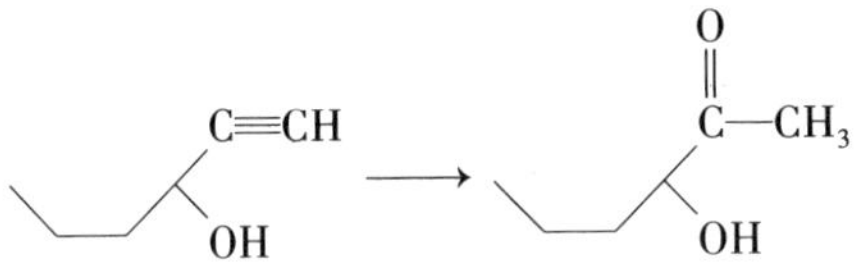

A. Al_2O_3　　　　B. H^+　　　　　　　　C. HgO　　　　　　D. $HgSO_4/H_2SO_4$

第三章 环 烃

◀ 内容提要 ▶

(一) 脂环烃

脂环烃分为单环脂环烃和多环脂环烃。多环脂环烃又包括螺环烃和桥环烃。

1. 命名

单环脂环烃命名时，一般在其相应的链烃名称前加上"环"字即可，若有两个以上的不同取代基时，以含碳最少的取代基所连的碳作为"1"位，按最低系列原则编号。环上如有双键，编号顺序是从含双键的碳原子开始，由双键向最近的基团依次编号。例如：

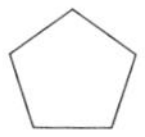

环戊烷 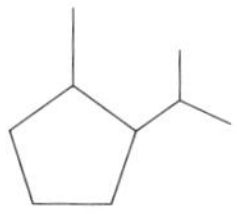　　　　1-甲基-2-异丙基环戊烷 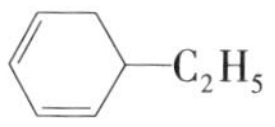　　　　5-乙基-1,3-环己二烯

单螺环烃命名时，按环上碳原子总数称为"某烷"，前面加上"螺"字，"螺"字与烃名称中间方括号中用数字，按由小到大的次序标明环上碳的个数(螺原子不计)，数字之间用圆点隔开。单螺环的编号是从邻接于螺原子的一个碳开始，由小环编到大环。例如：

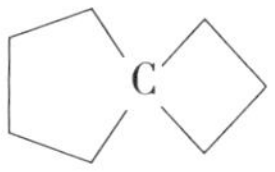

螺[3.4]辛烷 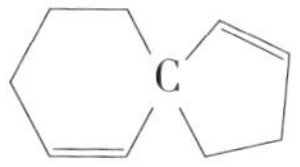　　　　　螺[4.5]-1,6-癸二烯

简单桥环烃的命名可用二环、三环等作词头，然后在方括号中注上各桥所含碳原子数，放在相当于环中全体碳原子数的链烃名称前。方括号中碳原子数按由多到少的次序列出，方括号内数字用圆点隔开。桥环的编号自桥的一端开始，循最长的环编到桥的另一端，然后再循余下的最长环编回到起始桥端，以此类推。例如：

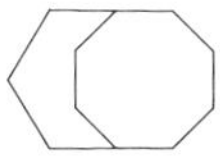

二环[4.3.2]十一烷 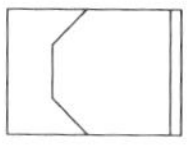　　　　二环[2.2.2]-2-辛烯

2. 环己烷的构象

环己烷上的碳并不是在一个平面上的，而是维持正常 sp^3 四面体的键角 $109°28'$。

因此，环己烷存在两种典型构象：船式构象和椅式构象。环己烷最稳定的构象是椅式构象，常温下环己烷分子中99%以上为椅式构象。

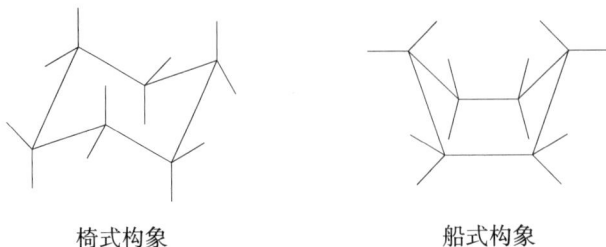

椅式构象 　　　　　　　　　　　船式构象

3. 脂环烃的化学性质

（1）取代反应

环戊烷或更高级的环烷烃与烷烃类似，在光照或热的作用下发生自由基取代反应。

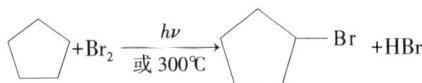

（2）加成反应

环丙烷或环丁烷不稳定，与烯烃相似，可与 H_2、X_2、HX 加成而开环。

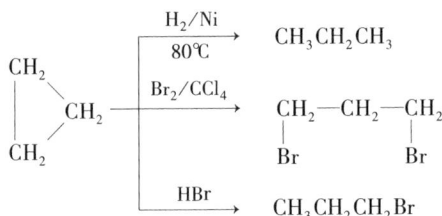

环烷烃的烷基衍生物与 Hx 加成时遵守马氏规则。

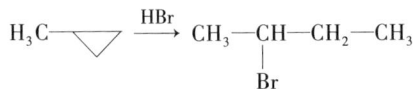

（3）氧化反应

环丙烷对氧化剂较稳定，不与 $KMnO_4$ 溶液或 O_3 作用，所以可用 $KMnO_4$ 溶液来鉴别烯烃和环丙烷衍生物。

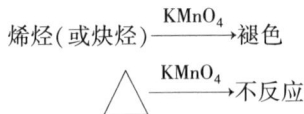

（二）芳香烃

芳香烃一般是指具有苯环结构的碳氢化合物和一类结构、性质与苯类似的非苯芳烃。

1. 苯及其同系物的反应

苯环上易发生亲电取代反应，在特殊条件下可发生加成反应。烷基苯的支链可氧化成羧酸，在剧烈氧化条件下苯环断裂。

（1）亲电取代

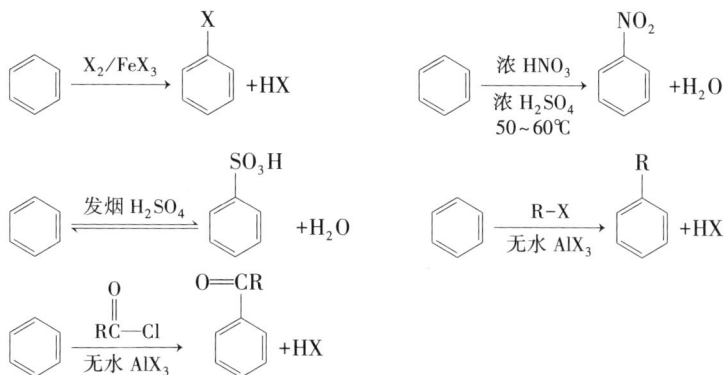

当苯环上已有取代基，再引入其他取代基时，第二个取代基进入的位置取决于原取代基的性质。

第一类定位基可以使苯环活化，取代反应发生在邻对位，包括：$-N(CH_3)_2$，$-NH_2$，$-OH$，$-OCH_3$，$-NHCOCH_3$，$-CH_3$，$-R$ 等。

第二类定位基可以使苯环钝化，取代反应发生在间位，包括：$-N^+(CH_3)_3$，$-NO_2$，$-CN$，$-SO_3H$，$-CHO$，$-COOH$，$-COOR$，$-CONH_2$ 等。

第三类定位基可以使苯环钝化，取代反应发生在邻对位，包括：$-X$（Cl，Br，I）。

（2）氧化反应

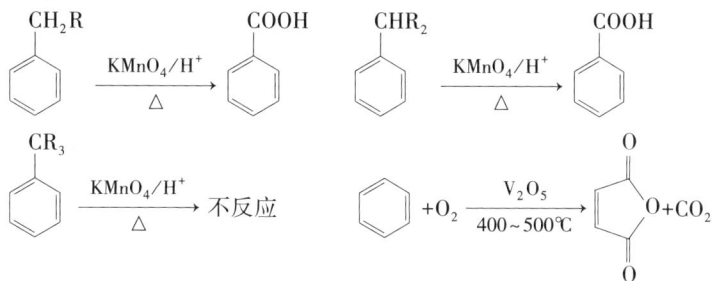

2. 非苯芳烃

非苯环状化合物具有芳香性的条件如下：

①环是平面的，不是折曲的。

②环是闭合的共轭体系。

③单环中的 π 电子符合 $4n+2$ 的休克尔规则。

◀ **习 题** ▶

1. 命名下列化合物。

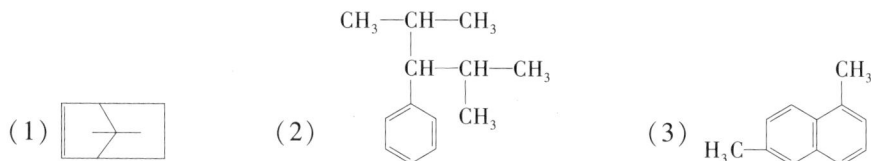

(4) 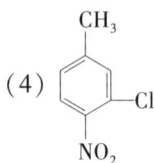 (5) (6) CH_3—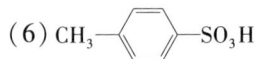—SO_3H

2. 写出下列化合物的结构式。

(1) 甲基环己烷的优势构象   (2) 反-1,2-二甲基环己烷

(3) 邻溴苯磺酸   (4) 偏三甲苯

(5) 2-硝基-3,5-二溴甲苯   (6) 4-甲基-2-硝基苯磺酸

3. 判断下列化合物的芳香性。

A.   B.   C.   D.

E.   F.   G.   H.

I. 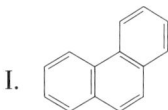   J. 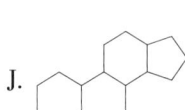   K. 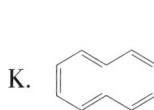   L.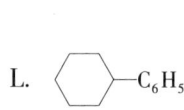

M. 环戊二烯负离子   N. 环庚三烯正离子

O. 环丙烯正离子   P. 1,4-环己二烯正离子

4. 写出下列反应的主要产物。

(1) CH_3— $\xrightarrow{HBr}$ (2) 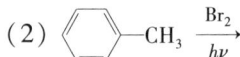—CH_3 $\xrightarrow[h\nu]{Br_2}$

(3) 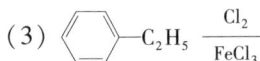—C_2H_5 $\xrightarrow[FeCl_3]{Cl_2}$ (4) —$CONH_2$ $\xrightarrow[浓\ H_2SO_4]{浓\ HNO_3}$

(5) 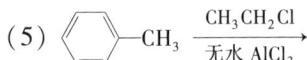—CH_3 $\xrightarrow[无水\ AlCl_3]{CH_3CH_2Cl}$ (6) —$CH(CH_3)_2$ $\xrightarrow{KMnO_4/H^+}$

5. 用化学方法鉴别下列各组化合物。

(1) 甲苯，环己烯，环己烷   (2) 丙烷，丙炔，环丙烷

(3) 苯，甲苯，环丙烷

6. 根据硝化反应由难到易给下列化合物排序。

A. 溴苯   B. 苯   C. 甲苯   D. 硝基苯

7. 由苯及所需试剂合成下列化合物。

(1) 邻溴苯磺酸   (2) 间硝基苯磺酸   (3) 对氯苯磺酸

(4) 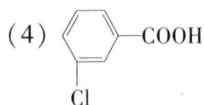—$COOH$ (5) Br——CH_2Br (6) CH_3—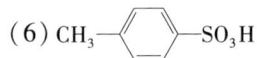—SO_3H

8. 推导结构。

(1) 有一个分子式为 $C_{10}H_{16}$ 的烃，能吸收 1 mol 的 H_2，分子中不含有甲基、乙基或其他烷基，用酸性 $KMnO_4$ 溶液氧化，得一对称的二酮，分子式为 $C_{10}H_{16}O_2$。推导这个烃的结构式。

（2）化合物 A（$C_{16}H_{16}$），能使 Br 的 CCl_4 溶液和冷、稀 $KMnO_4$ 溶液褪色。A 能与等摩尔的 H_2 加成。用热的 $KMnO_4$ 氧化时，A 生成二元酸 $C_6H_4(COOH)_2$，生成的二元酸只能生成一个苯溴代产物。推导 A 的结构式。

（3）芳香族化合物 C_9H_{12} 的 3 个异构体 A、B、C 经 $K_2Cr_2O_7$ 氧化，A 变为一元酸，B 变为二元酸，C 变为三元酸。将 A、B、C 硝化时，A 可得到 3 种一硝基化合物，B 可得到 2 种一硝基化合物，而 C 只能得到 1 种一硝基化合物。试推导 A、B、C 的结构式。

9. 单项选择题。

（1）苯与发烟硫酸反应生成苯磺酸属于（　　）历程。

A. 自由基反应　　　B. 电取代反应　　　C. 亲电加成反应　　　D. 亲核取代反应

（2）甲苯在光照下与 Cl_2 反应属于（　　）历程。

A. 亲核取代反应　　B. 亲电取代反应　　C. 自由基反应　　　　D. 侧链氧化反应

（3）下面不能发生傅克烷基化反应的是（　　）。

A. 　　B. 　　C. 　　D.

（4）分子中所有的原子都在同一平面上的化合物是（　　）。

A. $CH_3C\equiv CCH_3$　　B. 　　C. 　　D.

（5）能被 $KMnO_4$ 氧化的化合物为（　　）。

A. 　　B. 　　C. 　　D.

（6）最易与 Br_2 发生亲电加成反应的是（　　）。

A. 甲基环丁烷　　　　　　　　B. 1,1-二甲基环丙烷

C. 环戊烷　　　　　　　　　　D. 环己烷

（7）下列化合物中，（　　）不能被 $KMnO_4$ 氧化。

A. 　　　　　　B.

C. 　　　　　　D.

10. 判断对错，正确的画"√"，错误的画"×"。

（1）在铁粉存在时，苯跟液溴可以发生亲电取代反应。（　　）

（2）环己烷的环上结合有不同取代基时，大的取代基结合在 α 键上的构象最稳定。（　　）

（3）环丙烷分子中的 3 个碳原子是平面的，所以环丙烷分子是个平面分子（所有原子共平面）。（　　）

（4）正丁烷的结构式是 —C_4H_9。（　　）

（5）芳烃的定位基是指苯环上已占有的基团。（　　）

（6）只有烯烃或多烯烃有几何异构现象，环烃不可能有几何异构现象。（　　）

11. 填空题。

(1)丙烯和 Br_2 的加成反应历程属于_____加成反应，苯在铁粉存在下的卤代反应属于_____反应。

(2)三元环、四元环的环烷烃，其化学性质类似烯烃，具有一定的_____性，但对_____比较稳定。

(3) ⬡—CH_2— 的名称是_____ ； CH_3—⬡— 的名称是_____ 。

(4)甲苯自由基氯代反应是甲苯中_____的 H 原子被 Cl 原子取代；甲苯的亲电氯代反应是甲苯中_____的 H 原子被取代。

第四章 旋光异构

◀ 内容提要 ▶

(一)重要概念

1. 比旋光

比旋光是用来量度旋光性物质旋光能力大小的物理量，其表示式为：

$$[\alpha]_\lambda^t = \frac{\alpha}{C(\text{g/mL}) \times 1(\text{dm})}$$

$[\alpha]_\lambda^t$ 是该物质在管长为 1 dm，浓度为 1 g/mL，温度为 t，入射光波长为 λ 时，所测出的旋光度 α。

2. 对映异构

（1）手性分子

不能与它的镜像重合的分子称为手性分子。

当分子不具有对称因素时，一般都具有手性。物质具有手性就会有旋光性和对映异构现象。

（2）不对称碳原子

当 1 个碳原子连有 4 个不相同的原子或基团时，则该碳原子为不对称碳原子或手性碳原子，以 C^* 表示。

（3）对映体与非对映体

呈镜像关系的一对立体异构体称为对映异构体，简称对映体。不呈镜像关系的一对立体异构体称为非对映体。

（4）外消旋体

一对对映体的等量混合物称为外消旋体，用"±"表示。外消旋体是无旋光性的混合物，它可拆分成等量的旋光方向相反的两种物质。

（5）内消旋体

分子中含有相同的手性碳原子，分子内部存在对称因素，从而使分子内部旋光性相互抵消的化合物称为内消旋体，用"meso"表示。内消旋体是一种无旋光性的纯物质，不能拆分。

（6）对映异构体的数目

含 n 个不相同手性碳原子的化合物有 2^n 个对映异构体；如果分子中含有相同的手性碳原子，其旋光异构体的数目少于 2^n 个。

例如：

①2-羟基-3-氯丁二酸。该化合物含 2 个不相同的手性碳原子，所以有 4 种旋光异构体。

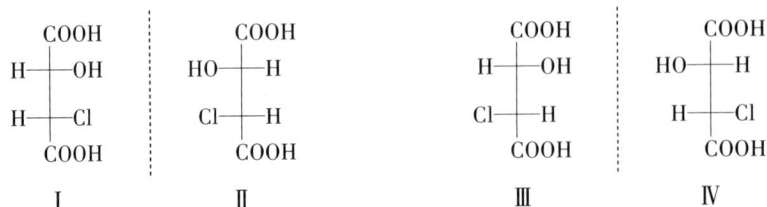

$$
\begin{array}{cccc}
\text{COOH} & \text{COOH} & \text{COOH} & \text{COOH} \\
\text{H}\!-\!\text{OH} & \text{HO}\!-\!\text{H} & \text{H}\!-\!\text{OH} & \text{HO}\!-\!\text{H} \\
\text{H}\!-\!\text{Cl} & \text{Cl}\!-\!\text{H} & \text{Cl}\!-\!\text{H} & \text{H}\!-\!\text{Cl} \\
\text{COOH} & \text{COOH} & \text{COOH} & \text{COOH} \\
\text{I} & \text{II} & \text{III} & \text{IV}
\end{array}
$$

其中 I 和 II 、III 和 IV 是对映体，等量的 I 和 II 、III 和 IV 混合，可组成外消旋体， I 和 III 、IV 及 II 和 III 、IV 是非对映体。

②酒石酸。该化合物含 2 个相同的手性碳原子，有 3 种旋光异构体。

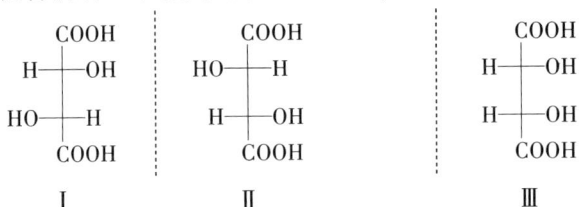

$$
\begin{array}{ccc}
\text{COOH} & \text{COOH} & \text{COOH} \\
\text{H}\!-\!\text{OH} & \text{HO}\!-\!\text{H} & \text{H}\!-\!\text{OH} \\
\text{HO}\!-\!\text{H} & \text{H}\!-\!\text{OH} & \text{H}\!-\!\text{OH} \\
\text{COOH} & \text{COOH} & \text{COOH} \\
\text{I} & \text{II} & \text{III}
\end{array}
$$

I 和 II 是对映体，其中一个是左旋，另一个是右旋，两者等量混合组成外消旋体；III 为内消旋体。 I 和 III 、II 和 III 为非对映体。

(二) 构型的表示方法

透视式和 Fischer 投影式是构型的两种表示方法，后者较为方便。

Fischer 投影式的规定为：用一个"+"表示，交叉点代表手性碳原子，四端与 4 个不同基团相连，垂直线上的原子或基团伸向纸后，水平线上的原子或基团伸向纸前。

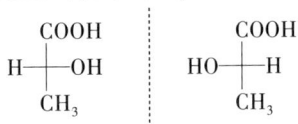

$$
\begin{array}{cc}
\text{COOH} & \text{COOH} \\
\text{H}\!-\!\text{OH} & \text{HO}\!-\!\text{H} \\
\text{CH}_3 & \text{CH}_3
\end{array}
$$

(三) 构型的标记方法

1. D/L 标记法

以甘油醛作为标准物，规定其构型，并与其他化合物比较，凡相当于 D-甘油醛称为 D-化合物，反之称为 L-化合物。

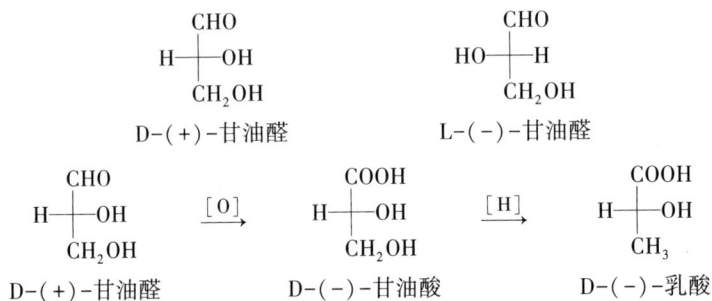

$$
\begin{array}{cc}
\text{CHO} & \text{CHO} \\
\text{H}\!-\!\text{OH} & \text{HO}\!-\!\text{H} \\
\text{CH}_2\text{OH} & \text{CH}_2\text{OH}
\end{array}
$$

D-(+)-甘油醛　　　　　　L-(−)-甘油醛

$$
\begin{array}{ccccc}
\text{CHO} & & \text{COOH} & & \text{COOH} \\
\text{H}\!-\!\text{OH} & \xrightarrow{[\text{O}]} & \text{H}\!-\!\text{OH} & \xrightarrow{[\text{H}]} & \text{H}\!-\!\text{OH} \\
\text{CH}_2\text{OH} & & \text{CH}_2\text{OH} & & \text{CH}_3
\end{array}
$$

D-(+)-甘油醛　　　　　D-(−)-甘油酸　　　　　D-(−)-乳酸

2. R/S 标记法

将手性碳原子所连的 4 个原子或基团按"顺序规则"排列，大者在前，小者在后，并使排在最后的基团远离观察者。另外 3 个基团按由大到小的顺序排列，顺时针时其构型为 R，逆时针时其构型为 S。

R/S 标记法也可以直接应用于 Fischer 投影式。若最小基团在投影式的竖线上，其他 3 个基团由大到小，如果是顺时针排列即是 R 型，逆时针则是 S 型；若最小基团在横线上，则情况相反。

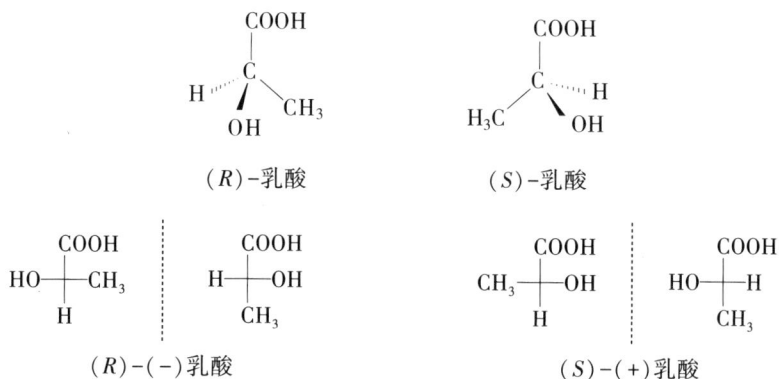

(R)-乳酸   (S)-乳酸

(R)-(-)乳酸   (S)-(+)乳酸

◀ **习　　题** ▶

1. 指出下列各对分子哪些是对映体？哪些是非对映体？哪些是几何异构体？哪些是构造异构体？哪些是相同分子？

2. 用 R/S 标出下列化合物中手性碳原子的构型。

$$
(1)\ \begin{array}{c} COOH \\ | \\ H-\!\!\!-CH_3 \\ | \\ CH_2CH_3 \end{array}
\qquad
(2)\ \begin{array}{c} H \\ | \\ CH_3-\!\!\!-CH_2Cl \\ | \\ CH_2Br \end{array}
\qquad
(3)\ \begin{array}{c} CH=\!\!\!=CH_2 \\ | \\ CH_3-\!\!\!-C_6H_5 \\ | \\ C_2H_5 \end{array}
$$

$$
(4)\ \begin{array}{c} CHO \\ | \\ CH_3-\!\!\!-COOH \\ | \\ OH \end{array}
\qquad
(5)\ \begin{array}{c} CH(CH_3)_2 \\ | \\ H-\!\!\!-NH_2 \\ | \\ C_6H_5 \end{array}
\qquad
(6)\ \begin{array}{c} C\equiv N \\ | \\ H-\!\!\!-NH_2 \\ | \\ C_6H_5 \end{array}
$$

$$
(7)\ \begin{array}{c} CH_3 \\ | \\ C=\!\!\!O \\ | \\ CH_3-\!\!\!-H \\ | \\ CH_2OCH_3 \end{array}
\qquad
(8)\ \begin{array}{c} COOH \\ | \\ H-\!\!\!-OH \\ | \\ H-\!\!\!-Cl \\ | \\ C_2H_5 \end{array}
\qquad
(9)\ \begin{array}{c} COOH \\ | \\ H-\!\!\!-OH \\ | \\ H-\!\!\!-OH \\ | \\ CH_2CH_3 \end{array}
$$

3. 推导结构。

(1)化合物 A 分子式为 C_6H_{10}，有光学活性。A 与 $Ag(NH_3)_2^+$ 溶液作用有沉淀生成，催化氢化后得到无旋光活性的化合物 B。推导 A、B 的结构式。

(2)化合物 $A(C_{20}H_{24})$ 能使 Br_2 的 CCl_4 溶液褪色，A 经 O_3 氧化后只生成一种醛 $(C_6H_5CH_2CH_2CH_2CHO)$，A 与 Br_2 反应得到内消旋化合物 $B(C_{20}H_{24}Br_2)$。推导 A 和 B 的构型。

4. 单项选择题。

(1)化合物 $(+)$ 和 $(-)$ 丙氨酸的(   )有区别。

A. 熔点　　　　　　B. 密度　　　　　　　C. 折光率　　　　　　D. 旋光性

(2)具有旋光异构体的化合物是(   )。

A. $(CH_3)_2CHCOOH$ 　　　　　　　　　B. $CH_3COCOOH$

C. $CH_3CH(OH)COOH$ 　　　　　　　　D. $HOOCCH_2COOH$

(3)含有手性碳原子的化合物是(   )。

A. $CHClBrCF_3$ 　　　B. $CHCl_3$ 　　　　　C. $CFBrCl_2$ 　　　　D. CH_2Cl_2

(4)下列结构中(   )有旋光性。

$$
A.\ \begin{array}{c} CH_3 \\ \backslash \\ C=\!\!\!=C \\ / \quad\quad \backslash \\ H \quad\quad\quad H \end{array}
\qquad\qquad
B.\ \begin{array}{c} CH_3 \quad\quad\quad H \\ \backslash \quad\quad\quad / \\ C=\!\!\!=C \\ / \quad\quad\quad \backslash \\ H \quad\quad\quad CH_3 \end{array}
$$

$$
C.\ \begin{array}{c} COOH \\ | \\ H-\!\!\!-OH \\ | \\ H-\!\!\!-OH \\ | \\ COOH \end{array}
\qquad\qquad
D.\ \begin{array}{c} H \\ | \\ H-\!\!\!-CH_3 \\ | \quad\quad H \\ H \\ | \\ CH_3 \end{array}
$$

(5)下列化合物中(   )的构型是 R 型。

$$
A.\ \begin{array}{c} CH_3 \\ | \\ H \cdots\!\!\!-C \\ / \quad \backslash \\ Cl \quad\quad C_2H_5 \end{array}
\qquad
B.\ \begin{array}{c} Cl \\ | \\ H \cdots\!\!\!-C \\ / \quad \backslash \\ CH_3 \quad\quad C_2H_5 \end{array}
\qquad
C.\ \begin{array}{c} CH_3 \\ | \\ H-\!\!\!-Cl \\ | \\ C_2H_5 \end{array}
\qquad
D.\ \begin{array}{c} CH_3 \\ | \\ Cl-\!\!\!-H \\ | \\ C_2H_5 \end{array}
$$

（6）下列化合物中属于手性分子的是（　　　）。

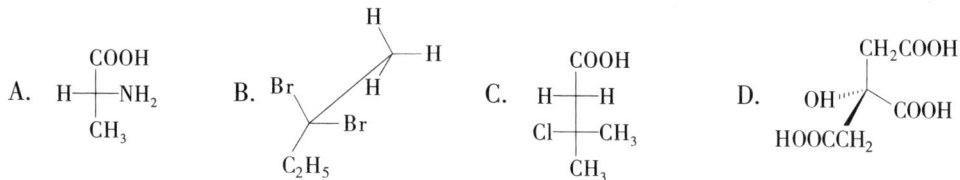

A. H—C(COOH)(NH₂)—CH₃

B.

C.

D.

（7）既有旋光性又有几何异构体的化合物是（　　　）。

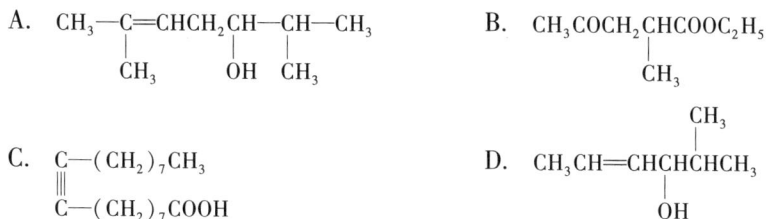

A. CH_3—C(=CHCH₂)CH—CH—CH₃ 带 CH₃、OH、CH₃

B. $CH_3COCH_2CHCOOC_2H_5$ 带 CH_3

C.

D. CH_3CH=$CHCHCHCH_3$ 带 CH_3、OH

（8）下列化合物中有旋光性的是（　　　）。

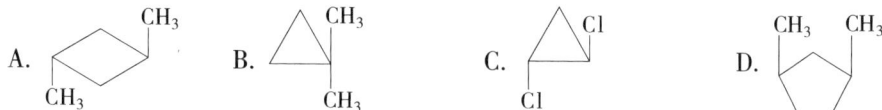

A.

B.

C.

D.

（9）一旋光性物质在浓度为 1 g/mL 时于 10 cm 长盛液管中测得的旋光度 $[\alpha]_\lambda^{25} = 20°$，则浓度被稀释到 0.5 g/mL，盛液管长改为 5 cm 时的旋光度为（　　　）。

A. 5°　　　　　　B. 20°　　　　　　C. 10°　　　　　　D. 40°

第五章　卤代烃

◀ **内容提要** ▶

(一) 卤代烃概述

卤代烃可以看作是烃分子中的 H 原子被卤素(F、Cl、Br、I)取代的产物,通常用 RX 来表示。

根据分类标准不同,可以把卤代烃分为脂肪族卤代烃和芳香族卤代烃;也可分为伯(1°)、仲(2°)、叔(3°)卤代烃;还可分为一元卤代烃、二元卤代烃及多元卤代烃。

在系统命名法中,卤原子通常被视为取代基,因而卤代烃是作为烷烃命名的。例如:

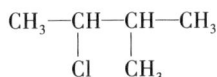

$$CH_3-CH-CH-CH_3$$
$$\quad\quad\; | \quad\; |$$
$$\quad\quad\; Cl \quad CH_3$$

2-甲基-3-氯丁烷

$$Br-\langle\!\!\!\bigcirc\!\!\!\rangle-CH_3$$

对溴甲苯

(二) 卤代烃的性质

1. 亲核取代反应

卤代烃与各类化合物发生亲核取代反应的反应式如下:

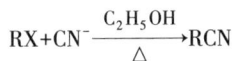

$$RX+OH^- \xrightarrow[\triangle]{H_2O} ROH \qquad\qquad RX+R'O^- \longrightarrow ROR'$$

$$RX+NH_3 \xrightarrow{CH_3CH_2OH} RNH_2 \qquad RX+CN^- \xrightarrow[\triangle]{C_2H_5OH} RCN$$

$$RX+R'C\equiv C^- \longrightarrow R'C\equiv CR \qquad RX+NO_3^- \longrightarrow RONO_2$$

2. 消除反应

卤代烃消除反应的反应式如下:

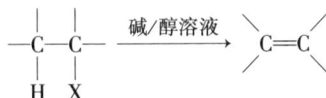

$$\begin{array}{c} | \quad | \\ -C-C- \\ | \quad | \\ H \quad X \end{array} \xrightarrow{\text{碱/醇溶液}} \begin{array}{c} \diagdown \quad \diagup \\ C=C \\ \diagup \quad \diagdown \end{array}$$

反应活性的次序:$R_3CX > R_2CHX > RCH_2X$。

消除反应遵循扎依切夫规则,即尽可能生成多取代烯烃。

3. 与活泼金属反应

卤代烃与金属 Mg 在无水乙醚中作用生成格氏试剂。格氏试剂非常活泼,能起多种化学反应。

$$RX+Mg \xrightarrow{\text{无水乙醚}} RMgX \begin{cases} \xrightarrow{H_2O} RH+Mg(OH)X \\ \xrightarrow{R'OH} RH+Mg(OR')X \\ \xrightarrow{HX} RH+MgX_2 \\ \xrightarrow{R'C\equiv CH} RH+R'C\equiv CMgX \end{cases}$$

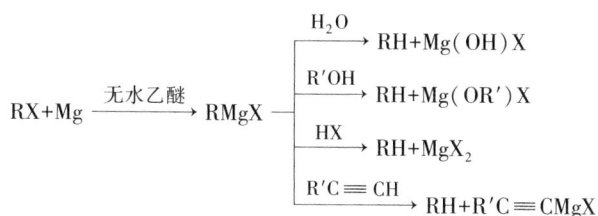

4. 卤代烃的定性实验

卤代烃和 $AgNO_3$ 的醇溶液加热，生成不溶性的卤化银沉淀，反应按 S_N1 机理进行。

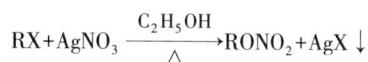

$$RX+AgNO_3 \xrightarrow[\triangle]{C_2H_5OH} RONO_2+AgX\downarrow$$

卤代烃的反应活性次序：

$$\text{苄基型、烯丙型}>3°>2°>1° \vdots \text{乙烯型、卤苯型}$$
$$RI>RBr>RCl$$

（三）亲核取代反应历程

亲核取代反应的通式可表示为：

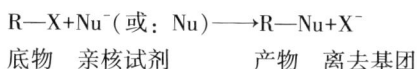

$$R—X+Nu^-\text{（或：Nu）}\longrightarrow R—Nu+X^-$$
$$\text{底物 亲核试剂 产物 离去基团}$$

亲核取代反应可分为单分子亲核取代反应（S_N1）和双分子亲核取代反应（S_N2）两种。S_N1 和 S_N2 反应的对比见表 5-1。

表 5-1 S_N1 和 S_N2 反应的对比

项目		S_N1	S_N2
反应步骤			
动力学		$\nu=k$［底物］ 一级反应	$\nu=k$［底物］［试剂］ 二级反应
立体化学		产物常为外消旋化	产物有构型转化
影响因素	①R 结构	$3°>2°>1°>CH_3X$	$CH_3X>3°>2°>1°$
	②离去基团 L 的性质	越易离去的基团有利于 S_N1 $RI>RBr>RCl$	不易离去的基团倾向于 S_N2 $RI>RBr>RCl$
竞争反应		消除、重排	消除

◀ **习　题** ▶

1. 用系统命名法命名下列化合物。

（1）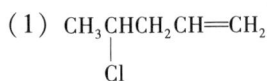

（2）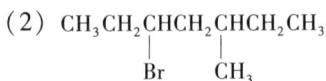

（3）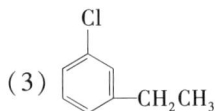

（4）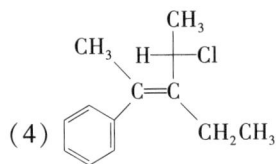

（*Z/E* 和 *R/S* 命名）

（5）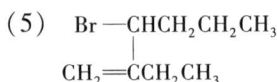

（6）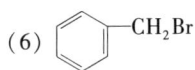

（7）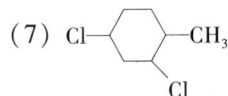

（8）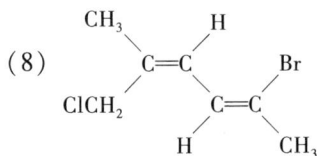

（*Z/E* 命名）

（9）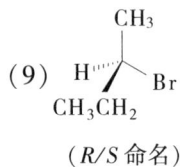

（*R/S* 命名）

2. 写出下列化合物的结构。

（1）叔丁基溴　　　（2）烯丙基氯　　　（3）氯仿　　　（4）3-溴环己烯

（5）4-甲基-5-氯-2-戊炔　　　　（6）2-氯-1,4-戊二烯

3. 用反应式表示 1-溴丁烷与以下化合物反应的主要产物。

（1）NaOH（水）　　　　　（2）KOH（醇）　　　　　（3）Mg/乙醚

（4）NaCN/乙醇　　　　　（5）NH₃/乙醇　　　　　（6）AgNO₃/乙醇

（7）NaOC₂H₅　　　　　（8）CH₃C≡CNa

4. 按照不同要求，给下列各组化合物排序。

（1）与 AgNO₃-C₂H₅OH 反应难易程度。

①2-环丁基-2-溴丙烷，1-溴丙烷，1-溴丙烯，2-溴丙烷

②1-溴戊烷，2-溴戊烷，2-甲基-2-溴丁烷

③氯苯，1-氯己烷，2-甲基-2-氯戊烷

④BrCH＝CHCH₂CH₂CH₃，CH₂＝CHCH₂CHBrCH₃，CH₂＝CHCH₂CH₂CH₂Br

（2）进行 S_N1 反应的速度。

①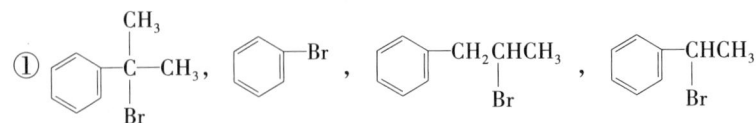

②1-氯丁烷，2-氯丁烷，2-甲基-2-氯丙烷

③氯乙烷，溴乙烷，碘乙烷

④（CH_3）$_3CCl$，（CH_3）$_3CBr$，（CH_3）$_3I$，$CH_3CHClCH_2CH_3$

⑤CH_2＝$CHCHClCH_3$，CH_2＝$CHCH_2Cl$，CH_2＝$CHClCH_2CH_3$，CH_2＝$CHC(CH_3)_2$ (Cl)

（3）进行 S_N2 反应的速度。

① 略，CH_3Br

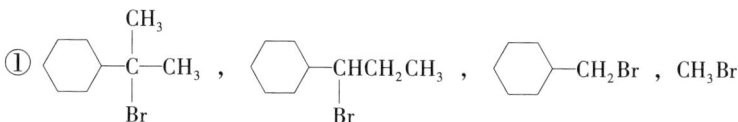

② 氯甲烷，氯乙烷，2-氯丙烷，2-甲基-2-氯丙烷

③ 略

（4）在浓的 KOH 醇溶液中脱 HBr 的速度。

①溴乙烷，1-溴丙烷，2-溴丙烷，2-甲基-2-溴丙烷

②1-溴丙烷，1-氯丙烷，1-碘丙烷

③1-溴丁烯，1-溴丁烷，2-溴丁烷，2-甲基-2-溴丙烷

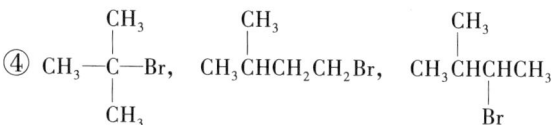

④ $CH_3-C(CH_3)(CH_3)-Br$，　$CH_3CHCH_2CH_2Br$ (CH_3)，　$CH_3CHCHCH_3$ (CH_3)(Br)

5. 鉴别下列化合物。

（1）CH_3CH＝$CHCl$，CH_2＝$CHCH_2Cl$，$CH_3CH_2CH_2Cl$，$CH_3CH_2CH_2CH_3$

（2）环己基氯，对氯甲苯，3-氯环己烯

（3）1-氯戊烷，2-溴丁烷，1-碘丙烷

6. 用 1-碘丙烷分别制备异丙醇和 1，2-二氯丙烷，请写出反应过程。

7. 由溴代环己烷制备 1，3-环己二烯，请写出反应过程。

8. 由 CH_2＝$CHCH_2Br$ 制备 CH_2＝$CHCH_2COOH$，请写出反应过程。

9. 完成下列反应。

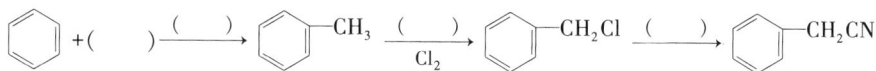

苯 +（ 　 ）$\xrightarrow{(\ )}$ —CH_3 $\xrightarrow[Cl_2]{(\ )}$ —CH_2Cl $\xrightarrow{(\ )}$ —CH_2CN

10. 写出下列反应的主要产物。

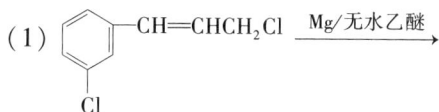

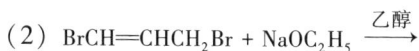

（1） —CH＝$CHCH_2Cl$（Cl） $\xrightarrow{Mg/无水乙醚}$

（2） $BrCH$＝$CHCH_2Br$ + $NaOC_2H_5$ $\xrightarrow{乙醇}$

（3） $BrCH$＝$CHCH_2CH_2Br$ + $NaOH$ $\xrightarrow{H_2O}$

（4） $C_6H_5CH_2CHBrCH_3$ + $NaOH$ $\xrightarrow[\triangle]{乙醇}$

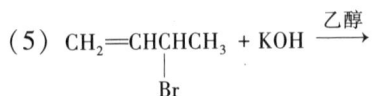

（5） $CH_2{=}CHCHCH_3 + KOH \xrightarrow{\text{乙醇}}$

$\qquad\qquad\quad \underset{Br}{|}$

11. 推导结构。

（1）某卤代烃 A（C_3H_7Br）与 KOH 醇溶液共热得到主产物 B（C_3H_6），B 与 HBr 作用得到的主产物 C，C 是 A 的异构体。试推导 A、B、C 的构造式。

（2）化合物 A（C_7H_{12}）与 Br_2 反应，生成 B（$C_7H_{12}Br_2$），B 在 KOH 醇溶液中加热，生成 C。C 能发生 Diels-Alder 反应，并且 C 经 O_3 氧化及还原水解得到 $\overset{O}{\overset{\|}{H}}CCH_2CH_2\overset{O}{\overset{\|}{C}}H$ 和 $CH_3\overset{OO}{\overset{\|\|}{C}}CH$ 。试推导 A、B、C 的结构式。

（3）某卤代烃 A（$C_5H_{11}Br$）与 KOH 醇溶液作用生成 B（C_5H_{10}），B 氧化后得到 1 分子丙酮和 1 分子乙酸，B 与 HBr 作用正好得到 A。试推导 A、B 的结构式。

第六章　醇、酚、醚

◀ 内容提要 ▶

(一) 概述

氧原子与氢原子连接而成的一价基团称为羟基(HO—)，羟基是醇和酚的官能团。羟基与芳香环直接相连的是酚；羟基与其他烃基相连接的是醇；醚则可看作醇或酚分子中，羟基上的氢原子被烃基取代的产物。

(二) 醇的化学性质

1. 与氢卤酸的反应

醇与氢卤酸的反应是最简单制备卤代烷的方法。

$$ROH+HX \longrightarrow RX+H_2O$$

HX 的反应活性次序：HI>HBr>HCl。

醇的反应活性次序：烯丙型、苄基型>3°>2°>1°。

不同结构的醇与 HX 的反应速度不同。根据这一现象，实验室常用 Lucas 试剂(无水 $ZnCl_2$ 和浓 HCl 的混合溶液)来鉴别低级醇。6 个碳以下的醇能溶于 Lucas 试剂，而生成的卤代烃则不溶。溶液浑浊分层，便表示有卤代烃生成。在室温时，叔醇很快与 Lucas 试剂作用，仲醇次之，伯醇基本不反应。

2. 与卤化磷的反应

由醇和 PX_3、PX_5 以及亚硫酰氯作用也可以制备卤代烷。

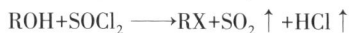

$$ROH+PX_3 \longrightarrow PX+H_3PO_3$$
$$ROH+PX_5 \longrightarrow PX+POX_3+HX$$
$$ROH+SOCl_2 \longrightarrow RX+SO_2\uparrow+HCl\uparrow$$

3. 与浓 H_2SO_4 反应

醇与无机酸形成的酯为无机酸酯。硫酸可以与醇生成酸性酯或中性酯。

$$CH_3OH+H_2SO_4 \rightleftharpoons CH_3OSO_3H+H_2O$$
硫酸氢甲酯(酸性)

$$2CH_3OSO_3H \overset{\triangle}{\rightleftharpoons} CH_3OSO_2OCH_3+H_2SO_4$$
硫酸二甲酯(中性)

4. 脱水反应

(1) 分子间脱水生成醚

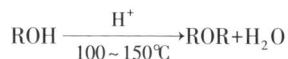

$$ROH \xrightarrow[100\sim150℃]{H^+} ROR+H_2O$$

（2）分子内脱水生成烯

$$\underset{\underset{H\ \ \ OH}{|\ \ \ |}}{-C-C-}\xrightarrow[>150℃]{H^+}\underset{|\ \ \ |}{-C=C-}+H_2O$$

（遵循扎依切夫规则）

5. 氧化脱氢反应

醇与强氧化剂如酸性 $K_2Cr_2O_7$、$KMnO_4$ 等反应，生成的产物取决于醇的结构。

$$RCH_2OH\xrightarrow{[O]}RCHO\xrightarrow{[O]}RCOOH$$

$$R_2CHOH\xrightarrow{[O]}R_2C=O$$

$$\underset{|}{\diagdown}CHOH\underset{325℃}{\overset{Cu}{\rightleftharpoons}}\underset{\diagup}{\diagdown}C=O+H_2\uparrow$$

（三）酚的化学性质

1. 酸性

酚具有弱酸性，因此苯酚能与 NaOH 作用，生成苯酚钠。

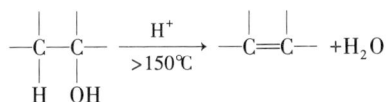

不同化合物的酸性比较：$H_2CO_3>$ 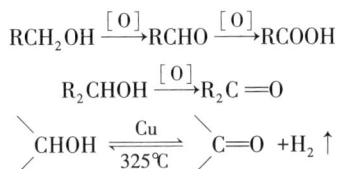 $> H_2O > ROH$。

2. 成醚反应

酚醚不能通过酚分子间脱水的方法制备，欲制备 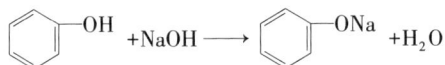—OR 型醚，通常是将酚钠与卤代烷作用。

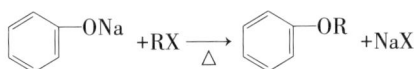

3. 与 $FeCl_3$ 反应

酚与 $FeCl_3$ 发生显色反应。

$$6C_6H_5OH+FeCl_3\rightleftharpoons[Fe(OC_6H_5)_6]^{3-}+6H^++3Cl^-$$

不同的酚与 $FeCl_3$ 反应生成的颜色不同，以此可以鉴别酚类和具有烯醇式结构的化合物。

4. 氧化反应

酚易被氧化，即使空气中氧也能缓慢氧化酚，多元酚更易被氧化。

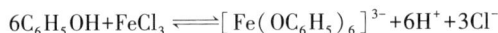

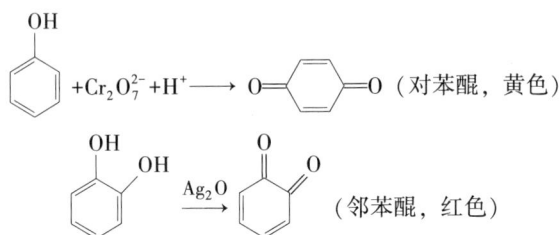

5. 取代反应
（1）卤代反应

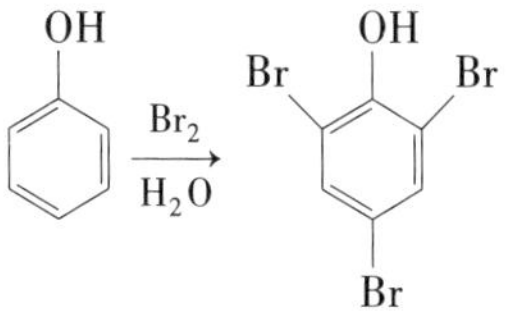

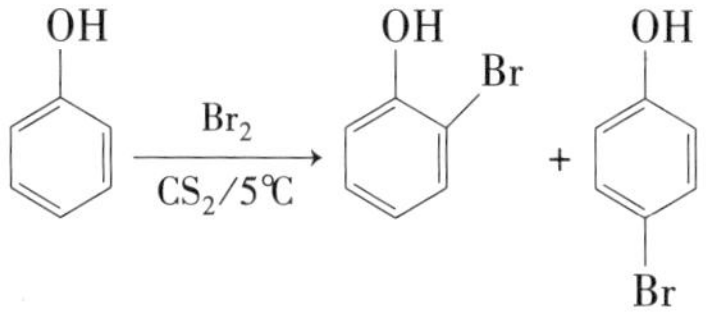

（2）硝化反应

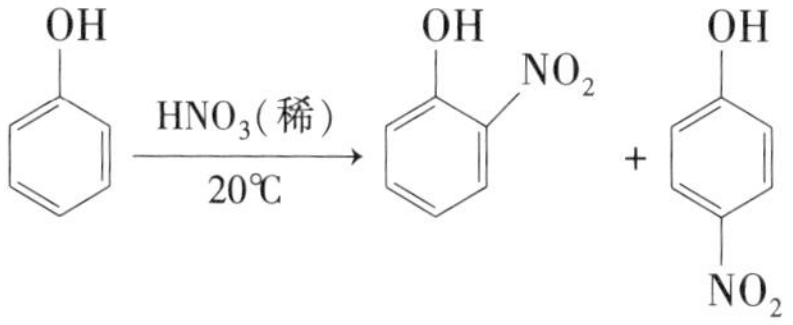

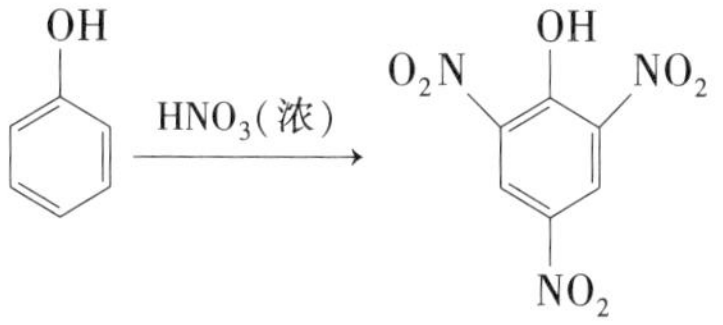

（3）磺化反应

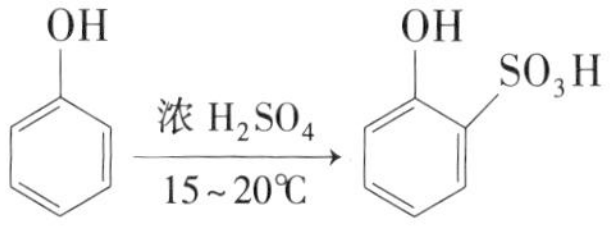

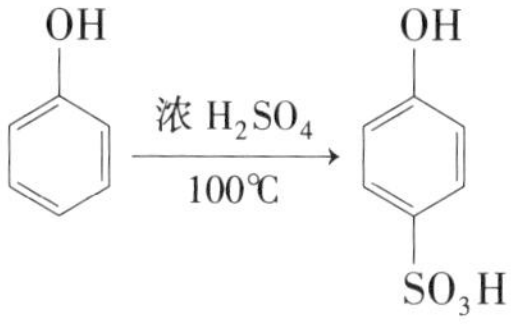

（四）醚的化学性质

1. 锌盐的生成

醚的氧原子可与 H^+ 络合，形成锌盐。

$$R-O-R' \xrightarrow{\text{浓 } H_2SO_4} [R-\overset{\overset{H}{\cdot\cdot}}{O}-R']^+ HSO_4^-$$

2. 醚键的断裂

断裂醚键最广泛使用的方法是用浓 HI 加热处理醚，生成碘代烷和醇。

$$R-O-R' \xrightarrow[\triangle]{\text{浓 HI}} RI + R'OH$$
$$\xrightarrow{HI} R'I + H_2O$$

3. 过氧化物的生成

一般氧化剂不与醚反应，但是醚与空气长时间接触生成过氧化物。

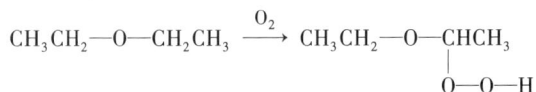

$$CH_3CH_2-O-CH_2CH_3 \xrightarrow{O_2} \underset{\underset{O-O-H}{|}}{CH_3CH_2-O-CHCH_3}$$

醚的过氧化物受热易分解爆炸，因此，在蒸馏醚之前必须检查是否含有过氧化物，检查的方法是用 KI 淀粉溶液(或试纸)观察是否呈深蓝色，或用 $FeSO_4$ 或 KSCN 溶液观察是否呈深红色。如果发现有过氧化物存在，则可用 $FeSO_4$ 或其他还原剂将过氧化物除去。

◀ **习　　题** ▶

1. 命名下列化合物。

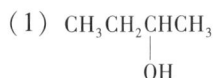

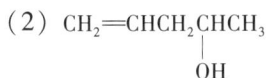

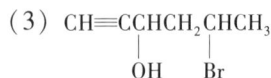

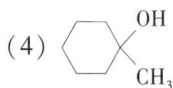

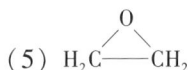

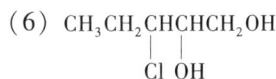

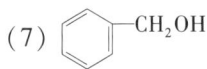

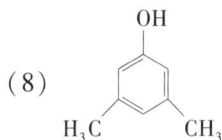

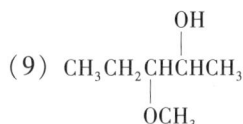

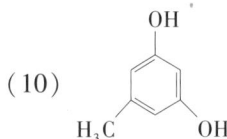

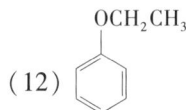

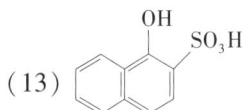

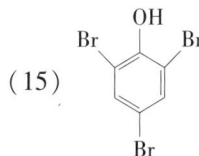

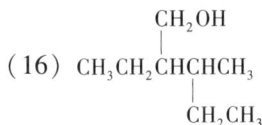

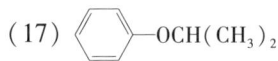

(1) $\underset{\underset{OH}{|}}{CH_3CH_2CHCH_3}$

(2) $\underset{\underset{OH}{|}}{CH_2=CHCH_2CHCH_3}$

(3) $\underset{\underset{OH}{|}\quad\underset{Br}{|}}{CH\equiv CCHCH_2CHCH_3}$

(4) 环己烷，1位上 OH，1位上 CH_3

(5) $H_2C\overset{O}{\underset{}{\diagup\!\diagdown}}CH_2$

(6) $\underset{\underset{Cl}{|}\ \underset{OH}{|}}{CH_3CH_2CHCHCH_2OH}$

(7) 苯环 $-CH_2OH$

(8) 苯环 OH，H_3C 和 CH_3

(9) $\underset{\underset{OCH_3}{|}}{CH_3CH_2CHCHCH_3}$ 上方 OH

(10) 苯环 OH、OH，H_3C

(11) $CH_3CH_2OCH(CH_3)_2$

(12) 苯环 OCH_2CH_3

(13) 萘 OH，SO_3H

(14) 七元环 O，O

(15) 苯环 OH，两个 Br 邻位，一个 Br 对位

(16) $\underset{\underset{CH_2CH_3}{|}}{CH_3CH_2CHCHCH_3}$ 上方 CH_2OH

(17) 苯环 $-OCH(CH_3)_2$

(18) $CH_2=CHOCH_2CH=CH_2$

2. 写出下列化合物的结构式。

(1)苦味酸　　　　(2)季戊四醇　　　　(3)甘油醛　　　　(4)2,3-环氧戊烷
(5)石炭酸　　　　(6)β-萘酚　　　　(7)苯基烯丙基醚

3. 完成下列反应。

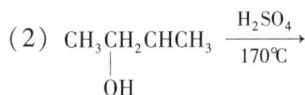

(1) $CH_3CH_2CH_2CH_2OH \xrightarrow[130℃]{H_2SO_4}$

(2) $\underset{\underset{OH}{|}}{CH_3CH_2CHCH_3} \xrightarrow[170℃]{H_2SO_4}$

（3）$(CH_3)_2CHOH \xrightarrow{Na} \xrightarrow{CH_3Cl}$

（4）$CH_3CH_2CH_2OH \xrightarrow[H_2SO_4]{K_2Cr_2O_7}$

（5）$CH_3CH_2CH_2OH \xrightarrow{SOCl_2} \xrightarrow[\text{乙醚}]{Mg}$

（6）$CH_3CH_2\underset{OH}{CH}CH_3 \xrightarrow[325℃]{Cu}$

（7）$(CH_3)_2CH{-}O{-}CH_3 \xrightarrow[\triangle]{2HI}$

（8）$CH_3CH_2O\text{—}\langle\text{苯}\rangle \xrightarrow{Cl_2}{Fe}$

（9）$\langle\text{苯}\rangle{-}OCH_2CH_2CH_3 \xrightarrow[\triangle]{HI}$

（10）$CH_3CH{=}CHCH_2OH \xrightarrow{KMnO_4/H^+}$

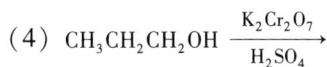

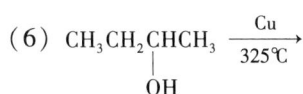

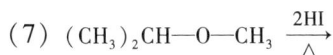

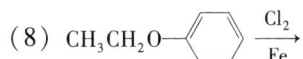

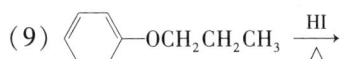

4. 将下列各组化合物按酸性强弱次序排列。

（1）苯磺酸，苯甲酸，苄醇，碳酸，苯酚

（2）对硝基苯酚，对甲苯酚，苯酚，对氯苯酚

（3）苯酚，对氯苯酚，2,4,6-三氯苯酚，2,4-二氯苯酚

5. 用化学方法鉴别下列各组化合物。

（1）异戊醇，2-戊醇，2-甲基-2-丁醇

（2）乙醇，碘乙烷，己烷

（3）邻甲苯酚，苄醇，苯甲醚，溴苯，乙苯

6. 下列化合物中，哪些可能形成分子内氢键？

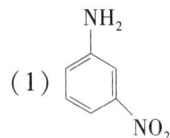

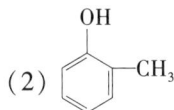

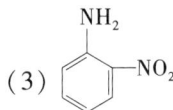

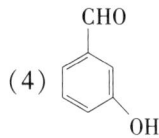

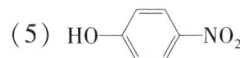

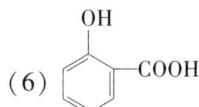

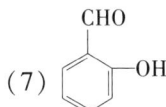

（1）间硝基苯胺 NH_2, NO_2
（2）邻甲苯酚 OH, CH_3
（3）邻硝基苯胺 NH_2, NO_2
（4）间羟基苯甲醛 CHO, OH

（5）$HO\text{—}\langle\text{苯}\rangle\text{—}NO_2$
（6）邻羟基苯甲酸 $OH, COOH$
（7）邻羟基苯甲醛 CHO, OH

7. 写出邻甲苯酚与下列试剂作用的反应式。

（1）KOH 水溶液　　　（2）$FeCl_3$ 溶液　　　（3）Br_2 的水溶液

（4）溴苄和 NaOH　　　（5）稀 HNO_3（室温）

8. 完成下列转化。

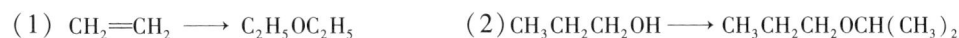

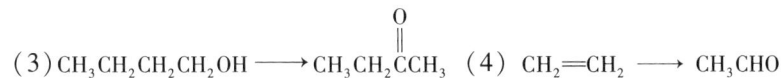

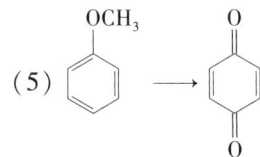

（1）$CH_2{=}CH_2 \longrightarrow C_2H_5OC_2H_5$

（2）$CH_3CH_2CH_2OH \longrightarrow CH_3CH_2CH_2OCH(CH_3)_2$

（3）$CH_3CH_2CH_2CH_2OH \longrightarrow CH_3CH_2\overset{O}{\overset{\|}{C}}CH_3$

（4）$CH_2{=}CH_2 \longrightarrow CH_3CHO$

（5）$\langle\text{苯, } OCH_3\rangle \longrightarrow \langle\text{对苯醌}\rangle$

（6）$CH_3CH_2CH_2CH_2OH \longrightarrow CH_3COOH$

9. 将下列化合物按沸点高低排序（不查资料）。

（1）甲乙醚，丙醇，甘油，1,2-丙二醇

（2）苯甲醚，对甲苯酚，乙苯

10. 有两种液态化合物，它们的分子式都是 $C_4H_{10}O$，其中一种在 100℃时不与 PCl_3 作用，但能与浓 HI 作用生成一种碘代烷。另一种化合物与 PCl_3 共热时生成 2-氯丁烷。写出两种化合物的构造式。

11. 将下列化合物按脱水反应速度快慢排序。

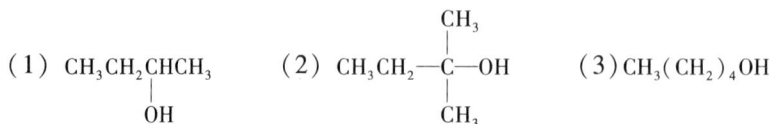

$$(1)\ CH_3CH_2\underset{\underset{OH}{|}}{C}HCH_3 \qquad (2)\ CH_3CH_2\underset{\underset{CH_3}{|}}{\overset{\overset{CH_3}{|}}{C}}-OH \qquad (3)\ CH_3(CH_2)_4OH$$

12. 写出下列醇与金属钠反应的活性次序。

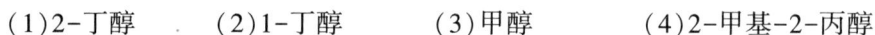

(1) 2-丁醇　　　(2) 1-丁醇　　　(3) 甲醇　　　　(4) 2-甲基-2-丙醇

13. 将下列各醇按与 Lucas 试剂作用的活性大小排序。

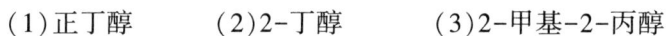

(1) 正丁醇　　　　(2) 2-丁醇　　　(3) 2-甲基-2-丙醇

14. 下列化合物中能与 $FeCl_3$ 溶液显色的是(　　　)。

A. 苯甲醚　　　B. 邻甲苯酚　　　C. 2-环己烯醇　　　D. 苄醇

第七章 醛、酮、醌

◀ **内容提要** ▶

（一）概述

醛、酮的分子式中都含有羰基（$-\overset{\overset{\displaystyle O}{\|}}{C}-$），故称为羰基化合物。羰基所连的两个基团都是烃基者为酮，通式为 $R-\overset{\overset{\displaystyle O}{\|}}{C}-R'$；其中至少有一个是 H 者为醛，通式为 $R-\overset{\overset{\displaystyle O}{\|}}{C}-H$。

醛、酮的分类和命名与醇、醚相似。

在羰基的碳氧双键中，一个是 σ 键，一个是 π 键。由于氧的电负性比碳强，所以羰基是极性的不饱和键，电荷分布为 $\overset{\delta+}{C}=\overset{\delta-}{O}$。羰基中的碳是 sp^2 杂化，3 个键角接近 120°，碳和氧以及碳连接的另外 2 个原子位于同一平面上，这种平面结构和羰基的极性决定着醛、酮的物理性质和化学性质。

（二）醛、酮的反应

1. 亲核加成反应

（1）加 HCN

只适用于醛、脂肪族甲基酮和 8 个碳以内的环酮。

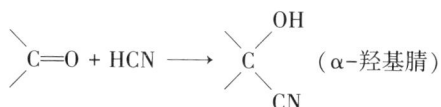

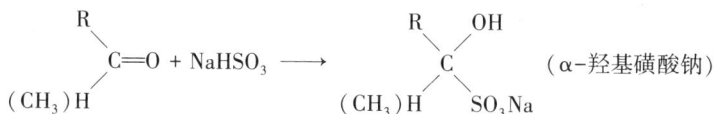

$$\diagup\!\!\diagdown C=O + HCN \longrightarrow \overset{OH}{\underset{CN}{\overset{|}{\underset{|}{C}}}}\quad(\alpha\text{-羟基腈})$$

（2）加 NaHSO$_3$

只适用于醛、脂肪族甲基酮和 8 个碳以内的环酮。

$$\underset{(CH_3)H}{\overset{R}{\diagup}}C=O + NaHSO_3 \longrightarrow \underset{(CH_3)H}{\overset{R}{\diagup}}\overset{OH}{\underset{SO_3Na}{C}}\quad(\alpha\text{-羟基磺酸钠})$$

（3）加格氏试剂

$$\diagup\!\!\diagdown C=O + RMgX \xrightarrow{\text{无水乙醚}} \overset{OMgX}{\underset{R}{C}} \xrightarrow{H_2O} \overset{OH}{\underset{R}{C}}$$

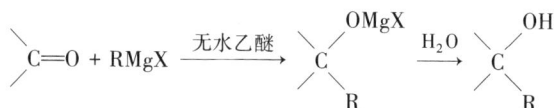

格氏试剂与甲醛作用生成伯醇，与其他醛作用生成仲醇，与酮作用生成叔醇。所

以，此反应适用于制备不同结构的醇。

（4）加醇

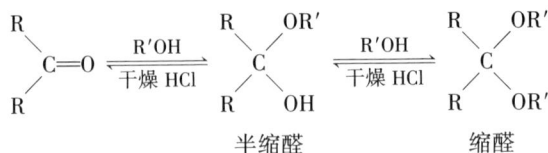

半缩醛　　　　　缩醛

（5）与氨的衍生物加成

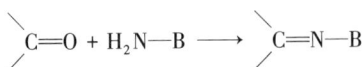

B 可为 R、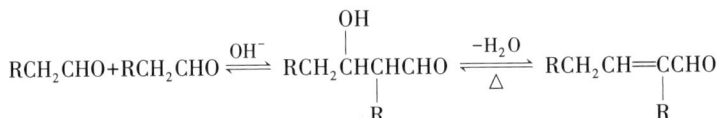、OH、NH_2、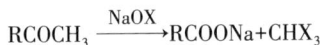、$NHCONH_2$ 等。

2. α-H 的反应

（1）羟醛缩合反应

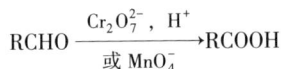

（2）卤仿反应

$$RCOCH_3 \xrightarrow{NaOX} RCOONa + CHX_3$$

当 X 为 I 时，生成物是碘仿（CHI_3），碘仿是不溶于水的黄色晶体，所以常用此反

应鉴定 $CH_3-\overset{O}{\overset{\|}{C}}-R(H)$ 和 $CH_3-\overset{OH}{\overset{|}{CH}}-R(H)$。

3. 氧化和还原反应

（1）与强氧化剂的反应

$$RCHO \xrightarrow[\text{或} MnO_4^-]{Cr_2O_7^{2-}, H^+} RCOOH$$

（2）与弱氧化剂的反应

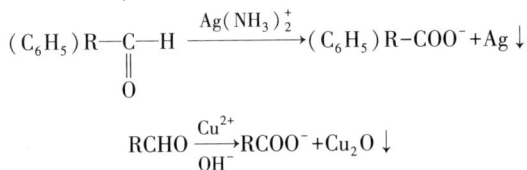

$$RCHO \xrightarrow[OH^-]{Cu^{2+}} RCOO^- + Cu_2O\downarrow$$

（3）催化氢化

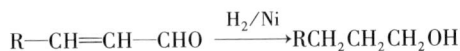

（4）选择性还原

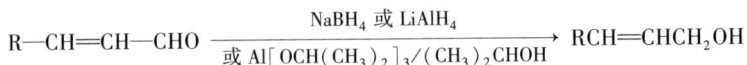

（5）克莱门森（Clemmensen）还原

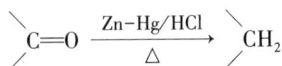

（6）沃尔夫-凯惜纳-黄鸣龙反应

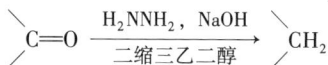

（7）康尼查罗反应

该反应只限于无 α-H 的醛。

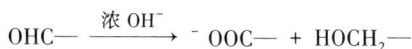

◀ 习　题 ▶

1. 写出下列化合物的名称。

（1）
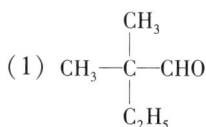

（2）
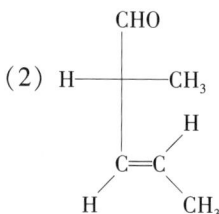

（3）$CH_3CH_2COCH(CH_3)_2$

（4）
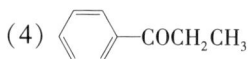

（5）

（6）
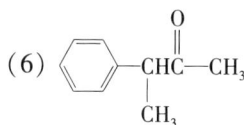

（7）H_3CO—⟨⟩—CH_2CHO

（8）
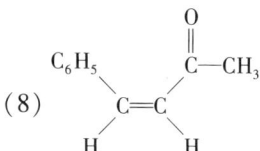

（9）$(CH_3)_3CCH_2COCH_2CH(CH_3)_2$

2. 写出下列化合物的结构式。

（1）3-甲基环己酮　　　　　　（2）4-甲基-4-戊烯-2-酮　　　（3）β-氯丁醛

（4）1,1,1-三氯-3-戊酮　　　（5）3-苯基丙烯醛

3. 异丁醛和丙酮与下列试剂有无反应？如有反应请写出反应式。

（1）NaCl　　　　　　　　　　（2）NaOH　　　　　　　　　　（3）$CH_3OH+HCl$

（4）与 C_6H_5MgBr 反应后再水解　（5）$HCHO/OH^-$　　　　　　（6）HCN

（7）$NH_2CONHNH_2$　　　　　（8）O_2　　　　　　　　　　　（9）$NaHSO_3$

（10）$LiAlH_4$　　　　　　　　（11）Br_2　　　　　　　　　　（12）$Zn(Hg)-HCl$

（13）异丙醇铝　　　　　　　　（14）斐林试剂

4. 完成下列反应。

（1）$HOCH_2CH_2CH_2CHO \xrightarrow{\text{干燥 HCl}}$　　　　（2）$CH_3COCH_3+HCHO(\text{过量}) \xrightarrow{OH^-}$

（3）
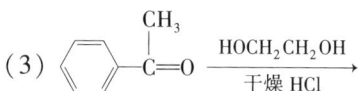

（4）
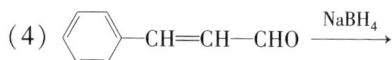

（5）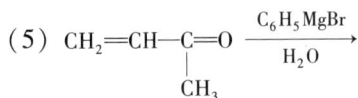

（6）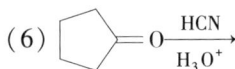

（7）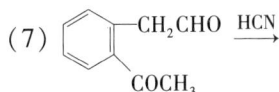

（8）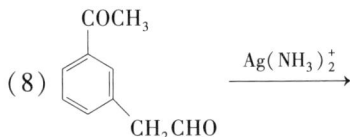

5. 用化学方法提纯下列化合物。

（1）丙醇中含有少量丙醛　　　　　　（2）苯甲醛中含有少量苯酚

（3）己醛中含有少量环己醇

6. 把下列化合物按羰基活性大小排序。

（1）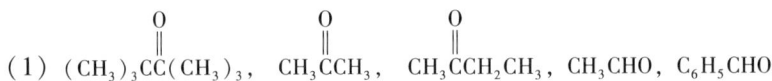

（2）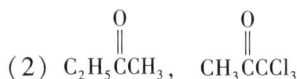

7. 由指定原料合成下列化合物。

（1）由丙醛合成 2-丁醇　　　　　　　（2）由苯乙酮合成苯甲酸

（3）由丁醇合成 2-羟基戊酸　　　　　（4）由丙酮合成 3-甲基-2-丁烯酸

（5）由乙醛合成 1,3-丁二烯　　　　　（6）由丙醇合成 3-己酮

（7）由苯乙酮合成 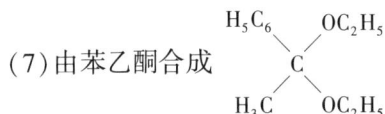　　　（8）由环己烯合成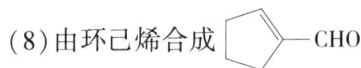

（9）由环己酮合成乙二醛

8. 指出下列哪些化合物能发生碘仿反应？

（1）CH_3CH_2OH　　　　（2）$C_6H_5COCH_3$　　　　（3）$CH_3CH(OH)C_2H_5$

（4）$C_6H_5COC_2H_5$　　　（5）$CH_3CH_2CH_2OH$　　　（6）CH_3CH_2CHO

（7）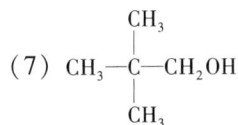　　　　（8）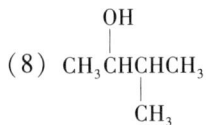

9. 推导结构。

（1）化合物 $C_5H_8O_2$ 能生成二肟，能与 NaOI 发生碘仿反应，还能被托伦试剂氧化，当它被完全还原时，生成正戊烷。试推导 $C_5H_8O_2$ 的结构。

（2）某化合物 A 的分子式为 $C_5H_{12}O$，经 $K_2Cr_2O_7$、H_2SO_4 氧化后生成分子式 $C_5H_{10}O$ 的化合物 B。B 不能发生碘仿反应，亦不发生银镜反应。A 和浓 H_2SO_4 共热得 C，C 经 O_3 氧化加 Zn 水解得两种产物，两者均能发生银镜反应。试写出 A、B、C 的结构。

（3）分子式为 C_8H_{16} 的化合物 A，以 O_3 氧化生成 B、C 两种化合物。B 能发生银镜反应，但不发生碘仿反应。C 能与苯肼作用，但不与 $NaHSO_3$ 作用。试推导 A、B、C 的结构。

(4)某化合物 A($C_5H_{12}O$)与浓的 HI 作用生成两种化合物 B、C，B 与 NaOH 的水溶液作用生成 D，D 与冷 Lucas 试剂不反应。C 与 NaOH 的水溶液作用生成 E，E 不能很快与 Lucas 试剂作用，但放置一段时间后可得到不混溶的液体。D、E 均能发生碘仿反应，D 经过氧化可生成一种醛 F，F 与甲基碘化镁作用经水解后又生成 E。试写出 A、B、C、D、E、F 的结构式。

(5)一个化合物的分子式为 C_7H_{12}，用 $KMnO_4$ 氧化时生成环戊甲酸，当该化合物与浓 H_2SO_4 反应后，经水解生成醇 $C_7H_{14}O$，该醇可以发生碘仿反应。试推测该化合物的结构。

(6)有一化合物 A($C_8H_{14}O$)，A 可以很快地使溴水褪色，可以和苯肼发生反应；A 氧化后得到一分子丙酮及另一化合物 B，B 具有酸性，和 NaOI 反应生成碘仿和一分子丁二酸。写出 A、B 的结构式。

(7)有一化合物 A 的分子式是 $C_9H_{10}O_2$，能溶于 NaOH 溶液，另和溴水、羟胺、氨基脲反应，和托伦试剂不发生反应。经 $LiAlH_4$ 还原产生化合物 B，B 的分子式为 $C_9H_{12}O_2$。A 和 B 均能发生卤仿反应。用 Zn(Hg)/HCl 还原，A 生成 C，分子式为 $C_9H_{12}O$，将 C 用 NaOH 反应再同 CH_3I 煮沸得 D，分子式为 $C_{10}H_{14}O$。D 用 $KMnO_4$ 溶液氧化后得对甲氧基苯甲酸。试写出 A、B、C、D 的结构。

10. 用化学方法鉴别下列各组化合物。

(1)正戊醛，2-戊酮，3-戊酮，2-戊醇

(2)乙醇，乙醛，甲醛水溶液

(3)苯甲醛，苯乙酮

(4)苯甲醛，苯乙醛

第八章　羧酸及其衍生物

◀ **内容提要** ▶

(一) 概述

羧酸是指羧基(—COOH)与 H 原子或烃基相连而成的化合物，其通式为 RCOOH。羧酸衍生物主要是指羧基中的羟基被其他原子或基团取代而生成的有机化合物，如酰卤、酸酐、酯、酰胺等。

羧酸的命名常采用系统命名法和俗名。例如：

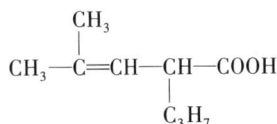

$$CH_3-C=CH-CH-COOH$$
（上方为 CH_3，CH 下方为 C_3H_7）

$$\begin{array}{c} CH_3 \\ HOOCCHCOOH \end{array}$$

$$\begin{array}{c} COOH \\ | \\ COOH \end{array}$$

$$\begin{array}{c} HOOC \\ \end{array} C=C \begin{array}{c} H \\ COOH \end{array}$$

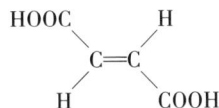

4-甲基-2-丙基-3-戊烯酸　　甲基丙二酸　　乙二酸（草酸）　　反-丁烯二酸（延胡索酸）

羧酸衍生物则在生成它的羧酸名称的基础上来命名，例如：

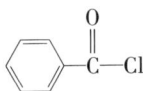

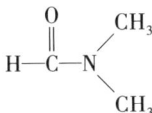

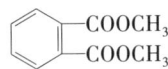

苯甲酰氯　　　　N,N-二甲基甲酰胺　　　　乙酸酐　　　　邻苯二甲酸二甲酯

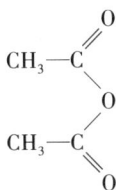

羧酸及其衍生物羰基上的电子构型和醛、酮一样，但羧基中的—OH 或—L(取代—OH 的官能团)有一孤对电子，可以和羰基的 π 键共轭，形成 p-π 共轭体系：

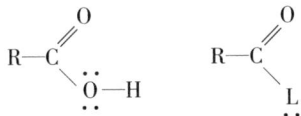

$$R-\overset{O}{\underset{\ddot{O}-H}{C}} \qquad R-\overset{O}{\underset{\ddot{L}}{C}}$$

电子密度平均化，一方面使氢氧键的极性增强，从而有利于 H 的解离，使羧酸表现出明显的酸性；另一方面使羰基碳的正电性降低，不利于发生羰基的亲核加成反应。

（二）羧酸的性质

1. 酸性

常见有机酸和无机酸的酸性强弱排序：

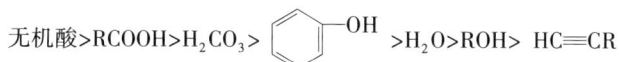

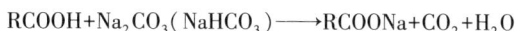

$$无机酸 > RCOOH > H_2CO_3 > \text{（苯酚）} \underset{\text{OH}}{} > H_2O > ROH > HC \equiv CR$$

$$RCOOH + Na_2CO_3(NaHCO_3) \longrightarrow RCOONa + CO_2 + H_2O$$

羧酸分子中含有吸电子基团，可使其酸性增强，而且吸电子基的吸电子能力越强、数目越多、离羧基越近，对羧基的影响就越大，羧酸的酸性也就越强。给电子基团对羧酸酸性的影响恰好相反。

2. 羧酸衍生物的生成

羧基中羟基被卤原子、酰氧基、烷氧基和氨基取代，分别生成酰卤、酸酐、酯和酰胺等羧酸衍生物。

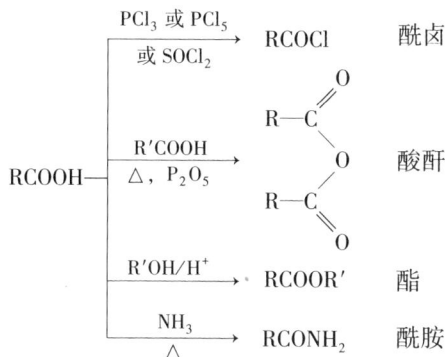

$$RCOOH \begin{cases} \xrightarrow[\text{或 SOCl}_2]{PCl_3 \text{ 或 } PCl_5} RCOCl \quad 酰卤 \\ \xrightarrow[\triangle,\ P_2O_5]{R'COOH} R-\overset{O}{\overset{\|}{C}}-O-\overset{O}{\overset{\|}{C}}-R \quad 酸酐 \\ \xrightarrow{R'OH/H^+} RCOOR' \quad 酯 \\ \xrightarrow[\triangle]{NH_3} RCONH_2 \quad 酰胺 \end{cases}$$

3. α-H 的卤代

在羧基的吸电子诱导效应影响下，脂肪酸中的 α-H 比较活泼，在日光或 I_2、红磷的催化下可进行卤代反应。

$$RCH_2COOH + X_2 \xrightarrow{P} RCHXCOOH \xrightarrow{X_2/P} RCX_2COOH$$

4. 脱羧反应

在一定的条件下羧酸脱去羧基放出 CO_2 的反应称为脱羧反应。

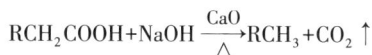

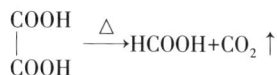

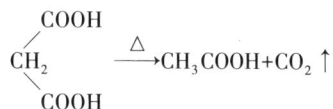

$$RCH_2COOH + NaOH \xrightarrow[\triangle]{CaO} RCH_3 + CO_2 \uparrow$$

$$\begin{matrix} COOH \\ | \\ COOH \end{matrix} \xrightarrow{\triangle} HCOOH + CO_2 \uparrow$$

$$CH_2 \begin{matrix} COOH \\ \\ COOH \end{matrix} \xrightarrow{\triangle} CH_3COOH + CO_2 \uparrow$$

5. 还原反应

一般条件下用金属与酸产生的新生 H_2 不能还原羧基，但 $LiAlH_4$ 等可把羧酸还原为伯醇。

$$RCOOH \xrightarrow{LiAlH_4} RCH_2OH$$

$$CH_2{=}CHCH_2COOH \xrightarrow{LiAlH_4} CH_2{=}CHCH_2CH_2OH$$

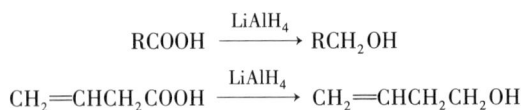

(三) 羧酸衍生物的性质

羧酸衍生物的共同反应是羰基碳上的亲核取代反应，包括水解、醇解、氨解。

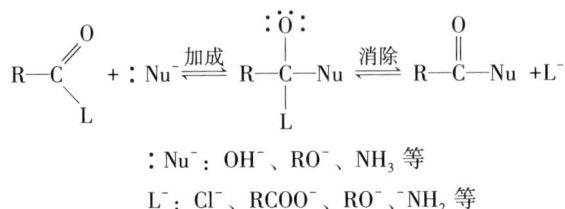

$$:Nu^-：OH^-、RO^-、NH_3 等$$

$$L^-：Cl^-、RCOO^-、RO^-、^-NH_2 等$$

羧酸衍生物反应活性次序为：$RCOX > (RCO)_2O > RCOOR > RCONH_2$。

羧酸衍生物除具有上述共性外，其中酰胺和酯还能发生某些特殊反应。

霍夫曼降解反应：

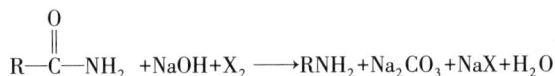

$$R{-}\overset{O}{\overset{\|}{C}}{-}NH_2 + NaOH + X_2 \longrightarrow RNH_2 + Na_2CO_3 + NaX + H_2O$$

酯缩合反应：此反应与羟醛缩合反应相似，必须是具有 α-H 的酯才能反应。

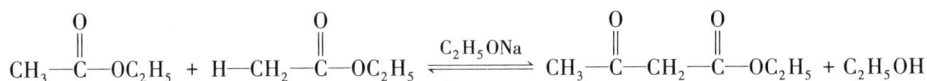

$$CH_3{-}\overset{O}{\overset{\|}{C}}{-}OC_2H_5 + H{-}CH_2{-}\overset{O}{\overset{\|}{C}}{-}OC_2H_5 \rightleftharpoons CH_3{-}\overset{O}{\overset{\|}{C}}{-}CH_2{-}\overset{O}{\overset{\|}{C}}{-}OC_2H_5 + C_2H_5OH$$

◀ 习　题 ▶

1. 命名下列化合物。

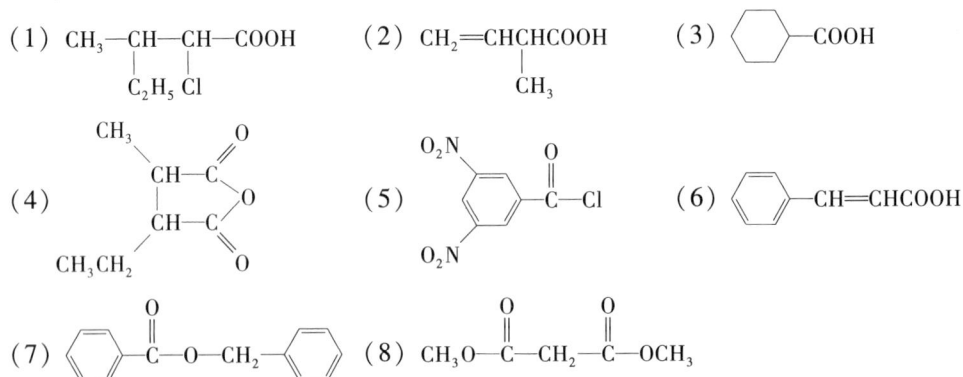

（1）
$$\underset{\underset{Cl}{C_2H_5}}{CH_3{-}CH{-}CH{-}COOH}$$

（2）
$$\underset{\underset{CH_3}{}}{CH_2{=}CHCHCOOH}$$

（3）

（4）

（5）

（6）

（7）

（8）
$$CH_3O{-}\overset{O}{\overset{\|}{C}}{-}CH_2{-}\overset{O}{\overset{\|}{C}}{-}OCH_3$$

2. 写出下列化合物结构式。

（1）α, α-二甲基戊酸

（2）2-甲基-3-氯丁酰溴

（3）12-羟基-9-十八碳烯酸

（4）反-4-异丙基环己甲酸的优势构象

（5）Z-4-氯-3-甲基-3-戊烯酸

（6）甲酸异丁酯

3. 按酸性强弱次序给各组化合物排序。

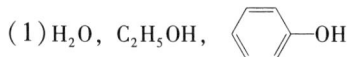

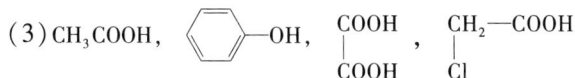

（1）H_2O，C_2H_5OH，⬡—OH

（2）H_2CO_3，$Cl_3C-COOH$，CH_3—⬡—OH

（3）CH_3COOH，⬡—OH，$\begin{array}{c}COOH\\|\\COOH\end{array}$，$\begin{array}{c}CH_2-COOH\\|\\Cl\end{array}$

4. 用化学方法鉴别下列化合物。

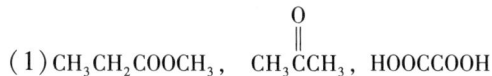

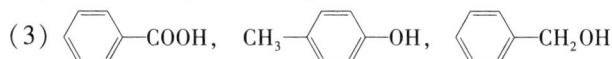

（1）$CH_3CH_2COOCH_3$，$CH_3\overset{O}{\overset{||}{C}}CH_3$，$HOOCCOOH$

（2）$HCOOH$，CH_3COOH，CH_3CHO

（3）⬡—COOH，CH_3—⬡—OH，⬡—CH_2OH

5. 完成下列反应。

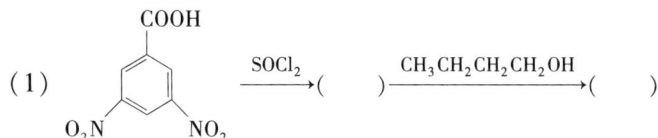

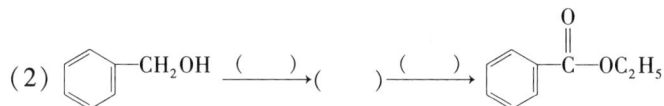

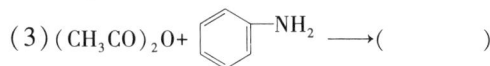

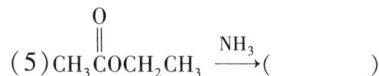

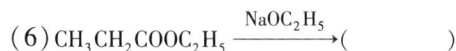

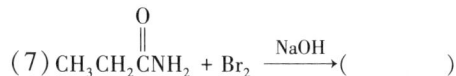

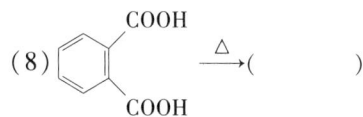

（1）$\overset{COOH}{\underset{O_2N\quad NO_2}{⬡}}$ $\xrightarrow{SOCl_2}$（　）$\xrightarrow{CH_3CH_2CH_2CH_2OH}$（　）

（2）⬡—CH_2OH $\xrightarrow{（　）}$（　）$\xrightarrow{（　）}$ ⬡—$\overset{O}{\overset{||}{C}}$—$OC_2H_5$

（3）$(CH_3CO)_2O+$ ⬡—NH_2 $\longrightarrow$（　）

（4）$CH_3CH_2CH_2CH_2COOH \xrightarrow{SOCl_2}$（　）

（5）$CH_3\overset{O}{\overset{||}{C}}CH_2CH_3 \xrightarrow{NH_3}$（　）

（6）$CH_3CH_2COOC_2H_5 \xrightarrow{NaOC_2H_5}$（　）

（7）$CH_3CH_2\overset{O}{\overset{||}{C}}NH_2 + Br_2 \xrightarrow{NaOH}$（　）

（8）$\overset{COOH}{\underset{COOH}{⬡}} \xrightarrow{\triangle}$（　）

6. 分离下列化合物。

（1）⬡—COOH，CH_3—⬡—OH，⬡—OH

（2）$CH_3CH_2CH_2COOH$，$CH_3CH_2CH_2COOCH_3$，$CH_3\overset{O}{\overset{||}{C}}CH_2CH_3$

7. 完成下列转化（无机试剂任选）。

（1）$CH\equiv CH \longrightarrow CH_3COOC_2H_5$

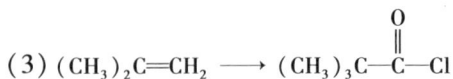

(2) $CH_3CH_2CH_2Br \longrightarrow CH_3CH_2CH_2COOH$

(3) $(CH_3)_2C=CH_2 \longrightarrow (CH_3)_3C-\overset{\overset{O}{\parallel}}{C}-Cl$

(4) $CH_3CH_2OH \longrightarrow CH_2(COOC_2H_5)_2$

8. 推导结构。

(1)化合物 A、B、C 的分子式都是 $C_3H_6O_2$。其中，只有 A 能与 Na_2CO_3 反应放出 CO_2，B 和 C 在 NaOH 溶液中水解，B 的水解产物之一能发生碘仿反应。试推导 A、B、C 的结构式。

(2)某化合物 A 的分子式为 $C_5H_6O_3$，它能与乙醇作用得到两个互为异构体的化合物 B 和 C。B 和 C 分别与 $SOCl_2$ 作用后，再加入乙醇，从中都得到相同的化合物 D。试推导 A、B、C、D 的结构式。

(3)化合物 $C_6H_{13}NO$ 水解，得到二甲胺和一个分子式为 $C_4H_8O_2$ 的物质，后者能分解 Na_2CO_3 和 $NaHCO_3$，并且可由异丁醇氧化得到。请确定起始物质的结构。

第九章 取代酸

◀ **内容提要** ▶

(一) 概述

羧酸分子中，烃基上的氢原子被其他原子或基团所取代的羧酸衍生物称为取代酸。取代酸按取代基的种类分为卤代酸、羟基酸、羰基酸、氨基酸等。在取代酸中，取代基的位置可以用阿拉伯数字或希腊字母表示。例如：

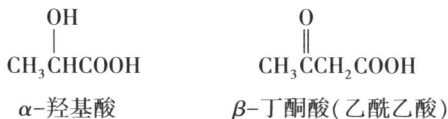

α-羟基酸 $\qquad$ β-丁酮酸(乙酰乙酸)

取代酸是具有两种或两种以上官能团的化合物。它们除具有两种官能团各自的典型性质之外，还具有受官能团间的相互影响所表现的特殊性质。这些特殊性质是本章学习的重点。

(二) 羟基酸的性质

1. 酸性增强

卤素、羟基是吸电子基，因此卤代酸、羟基酸比相应羧酸的酸性强；随着羟基与羧基距离增大，酸性逐渐减弱。

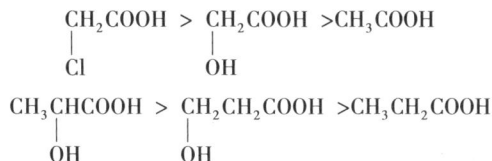

2. 加热易脱水

(1) α-羟基酸分子间脱水生成交酯

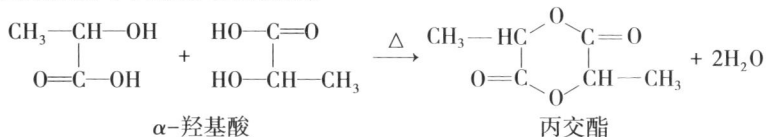

α-羟基酸 $\qquad\qquad\qquad\qquad$ 丙交酯

(2) β-羟基酸分子内脱水生成 α, β-不饱和酸

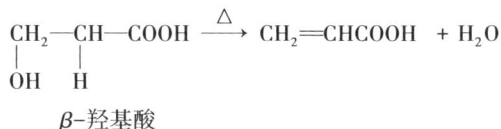

β-羟基酸

（3）γ-羟基酸分子内脱水生成内酯

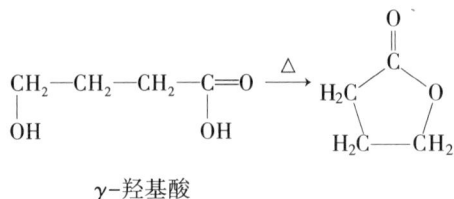

γ-羟基酸

3. α-羟基酸易氧化

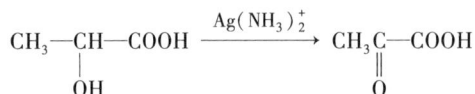

（三）羰基酸的性质

1. 氧化还原反应

羰基酸可以被弱氧化剂氧化，也可以被还原剂还原为醇酸。

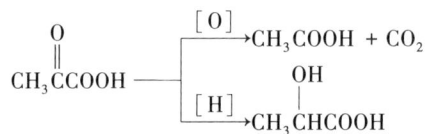

2. 脱羧反应

α-酮酸和β-酮酸都易脱羧而生成少一个碳原子的醛或酮。

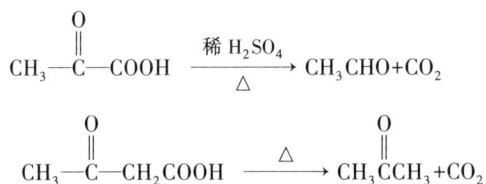

3. 乙酰乙酸乙酯的分解反应

乙酰乙酸乙酯分子中α-碳原子与相邻的两个碳原子之间的键容易断裂，在不同反应条件下，能发生不同反应。

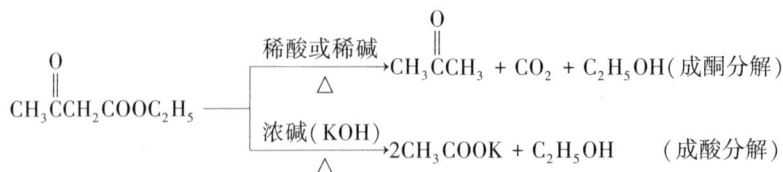

◄ 习　　题 ►

1. 给下列化合物命名或根据化合物名称写出结构式。

（1）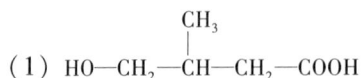

（2）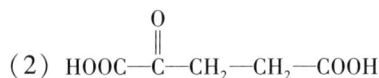

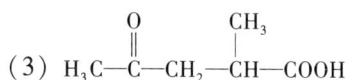

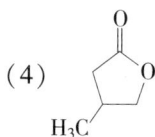

(3) $H_3C-\overset{\overset{\displaystyle O}{\|}}{C}-CH_2-\overset{\overset{\displaystyle CH_3}{|}}{CH}-COOH$
(4)

(5)柠檬酸　　　　　(6)2-戊烯-4-酮酸　　　　(7)乙酰乙酸乙酯

(8)草酰琥珀酸　　　　(9)延胡索酸　　　　　(10)水杨酸

2. 按酸性递减顺序给下列各组化合物排序。

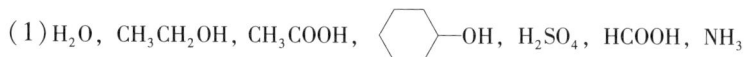

(1) H_2O, CH_3CH_2OH, CH_3COOH, ⬡—OH, H_2SO_4, $HCOOH$, NH_3

(2) $\overset{\overset{\displaystyle Cl}{|}}{CH_2}-\overset{\overset{\displaystyle Cl}{|}}{CH}-COOH$, CH_3CH_2COOH, $(CH_3)_3CCOOH$, $\overset{\overset{\displaystyle Cl}{|}}{CH_2}CH_2COOH$

3. 下列化合物中，哪些存在互变异构现象？具有互变异构现象的写出其可能的互变异体结构式。

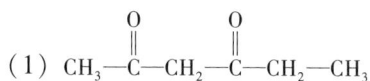

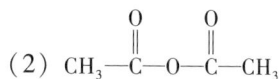

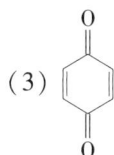

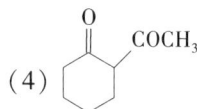

(1) $CH_3-\overset{\overset{\displaystyle O}{\|}}{C}-CH_2-\overset{\overset{\displaystyle O}{\|}}{C}-CH_2-CH_3$　　　　(2) $CH_3-\overset{\overset{\displaystyle O}{\|}}{C}-O-\overset{\overset{\displaystyle O}{\|}}{C}-CH_3$

(3)　　　　　　　　　　　　　　(4)

4. 用化学方法区分下列各组化合物。

(1)乙酰乙酸乙酯，水杨酸，丁酸

(2)水杨酸，苯甲酸

5. 合成下列化合物(无机试剂任选)。

(1)由乙烯合成丁二酸二乙酯

(2)由丙醇合成2-羟基丁酸

6. 推导结构。

(1)从白花蛇草提取出来的一种化合物 $C_9H_8O_3$，能溶于 $NaOH$ 溶液和 $NaHCO_3$ 溶液，与 $FeCl_3$ 溶液作用呈红色，能使 Br_2 的 CCl_4 溶液褪色，用 $KMnO_4$ 溶液氧化得到对羟基苯甲酸和草酸。试推导其结构。

(2)A 化合物分子式为 $C_7H_6O_3$。A 能溶于 $NaOH$ 及 $NaHCO_3$；A 与 $FeCl_3$ 有颜色反应；A 与乙酸酐作用生成 $B(C_9H_8O_4)$，B 是复方阿斯匹林的主要成分；A 与 CH_3OH 作用生成 $C(C_8H_8O_3)$。试推导 A、B、C 的结构。

第十章　胺

◀ **内容提要** ▶

(一) 概述

胺是氨的衍生物。氨分子中1个、2个或3个氢原子被烃基取代生成的化合物，分别称伯胺、仲胺和叔胺。NH_4^+ 中的4个氢原子都被烃基取代所得的离子称为季铵离子。

我们学习时需要特别注意的是伯、仲、叔胺和伯、仲、叔醇在含义上有本质的不同：伯、仲、叔醇指的是羟基与伯、仲、叔碳原子相连的醇，而伯、仲、叔胺指的是氮原子与1个、2个、3个烃基相连的胺，与氮原子所连碳原子无关。

$$NH_3 \qquad RNH_2 \qquad R_2NH \qquad R_3N \qquad R_4N^+OH^-$$

　　氨　　　　伯胺　　　　仲胺　　　　叔胺　　　　季铵碱

(二) 胺的性质

1. 碱性

胺分子中氮原子的未共用电子对可接受质子，因此胺具有弱碱性。

$$RNH_2 + HX \longrightarrow RNH_3^+X^-$$

影响胺碱性强弱的因素如下。

(1) 受氮原子杂化状态的影响

(2) 给电子基使碱性增强

$$R—NH_2 > NH_3$$

(3) 吸电子基使碱性减弱

$$CH_3NH_2 > X—CH_2NH_2$$

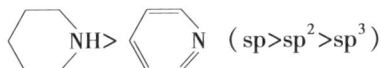

在水溶液中胺的碱性强弱规律：脂肪胺 > 氨 > 芳香胺

其中，脂肪胺的碱性强弱规律：$R_2NH > RNH_2 > R_3N$

芳香胺的碱性强弱规律：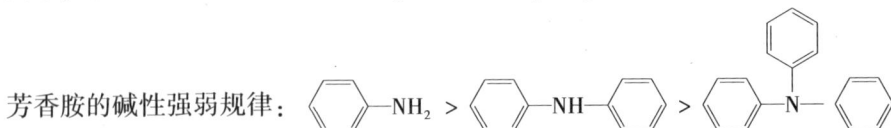

2. 烷基化

胺分子与氨相似，可与卤代烷作用，生成铵盐。

$$RNH_2+RX \longrightarrow R_2N^+H_2X^-$$
$$R_2NH+RX \longrightarrow R_3N^+HX^-$$
$$R_3N+RX \longrightarrow R_4N^+X^-$$

3. 酰基化

伯胺、仲胺可与酰化试剂作用生成酰胺。

$$R_2NH+(CH_3CO)_2O \longrightarrow R_2NCOCH_3+CH_3COOH$$

4. 磺酰化

伯胺、仲胺中 N 原子上的 H 原子可被磺酰基取代，生成磺酰胺。

（白色沉淀）　　　　　　　（溶于 NaOH 溶液中）

（白色沉淀）

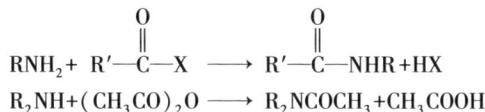

5. 与亚硝酸的反应

胺与亚硝酸的反应较复杂，不同的胺，其产物也不同。

$$RNH_2+HX+NaNO_2 \longrightarrow ROH+N_2$$

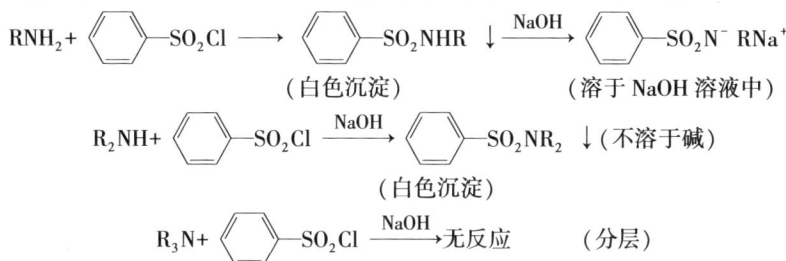

$$R_2NH+HX+NaNO_2 \longrightarrow R_2N-N=O$$

$$R_3N+HX+NaNO_2 \xrightarrow{pH<3} 不稳定的盐$$

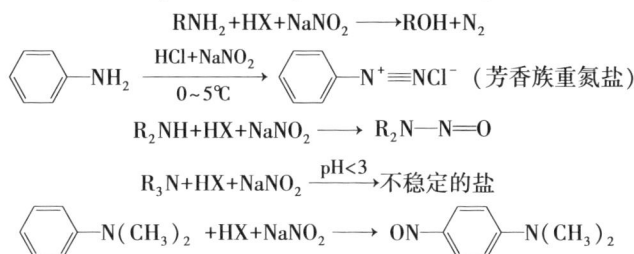

（三）芳香族重氮盐的反应

1. 取代反应

芳香族重氮盐活泼，可以与一些亲电试剂发生亲电取代反应。

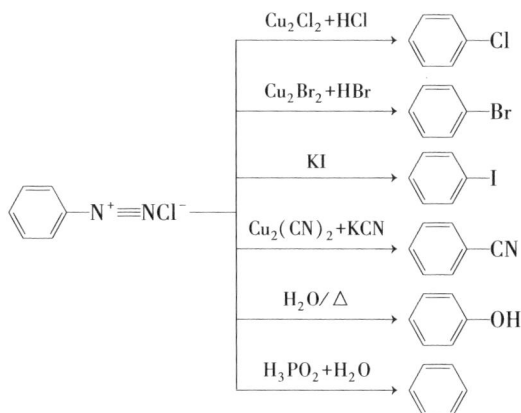

2. 偶合反应

在适当条件下，重氮盐与某些芳香族化合物反应生成含有偶氮基的化合物，这些反应称为偶合反应。

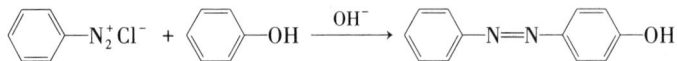

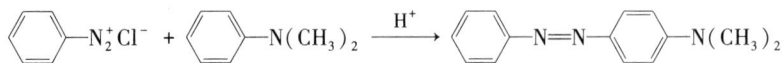

$$\text{Ph-N}_2^+\text{Cl}^- + \text{Ph-OH} \xrightarrow{\text{OH}^-} \text{Ph-N=N-Ph-OH}$$

$$\text{Ph-N}_2^+\text{Cl}^- + \text{Ph-N(CH}_3)_2 \xrightarrow{\text{H}^+} \text{Ph-N=N-Ph-N(CH}_3)_2$$

◄ 习 题 ►

1. 给下列化合物命名。

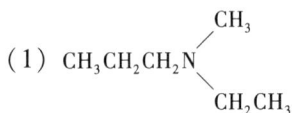

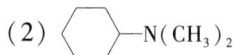

（1）$CH_3CH_2CH_2\underset{\underset{CH_2CH_3}{|}}{\overset{\overset{CH_3}{|}}{N}}$

（2）环己基-N(CH$_3$)$_2$

（3）H_3C-苯基-NHCH$_3$

（4）Cl-苯基-N$_2^+$Cl$^-$

（5）$(CH_3)_4N^+Cl^-$

（6）$H_2NCH_2CH_2CH_2NH_2$

2. 将下列化合物按其在水溶液中的碱性强弱排序。

（1）苯胺，三乙胺，乙胺，二苯胺

（2）氨，乙胺，二乙胺，氢氧化四乙铵

（3）对甲苯胺，对硝基苯胺，苯胺，乙酰苯胺

3. 用化学方法区分下列各组化合物。

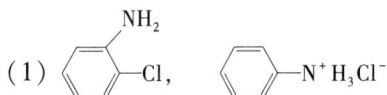

（1）邻氯苯胺（NH_2，Cl），苯基-N$^+$H$_3$Cl$^-$

（2）三乙胺，正丁胺，二丙胺，尿素

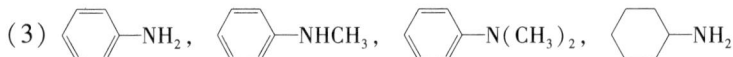

（3）苯基-NH$_2$，苯基-NHCH$_3$，苯基-N(CH$_3$)$_2$，环己基-NH$_2$

4. 将下列转化补充完整。

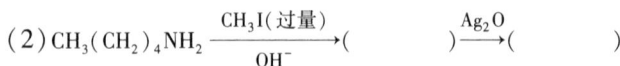

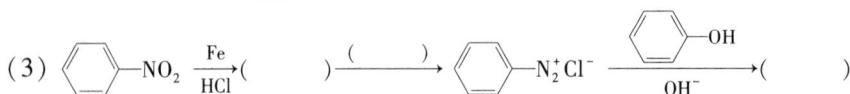

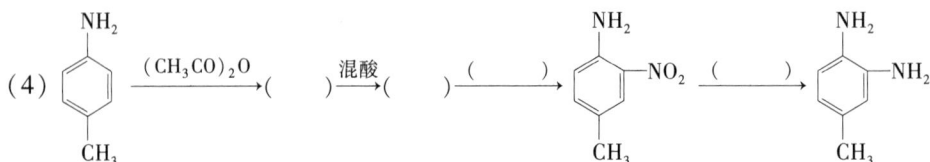

（1）$CH_3CH_2CH_2Br \xrightarrow[\text{乙醇}]{\text{NaCN}} (\quad) \xrightarrow[\text{Ni}]{\text{H}_2} (\quad) \xrightarrow{\text{HCl}} (\quad)$

（2）$CH_3(CH_2)_4NH_2 \xrightarrow[\text{OH}^-]{\text{CH}_3\text{I（过量）}} (\quad) \xrightarrow{\text{Ag}_2\text{O}} (\quad)$

（3）$Ph-NO_2 \xrightarrow[\text{HCl}]{\text{Fe}} (\quad) \xrightarrow{(\quad)} Ph-N_2^+Cl^- \xrightarrow[\text{OH}^-]{\text{Ph-OH}} (\quad)$

（4）对甲苯胺（NH_2，CH_3）$\xrightarrow{(CH_3CO)_2O} (\quad) \xrightarrow{\text{混酸}} (\quad) \xrightarrow{(\quad)} (NH_2，NO_2，CH_3) \xrightarrow{(\quad)} (NH_2，NH_2，CH_3)$

(5) 苯重氮盐 $\xrightarrow[\text{KCN}]{\text{Cu}_2(\text{CN})_2}$ (　　) $\xrightarrow[\text{H}_2\text{O}]{\text{H}^+}$ (　　) $\xrightarrow{(\quad)}$ 苯甲酰胺 $\xrightarrow[\text{OH}^-]{\text{NaOBr}}$ (　　)

(6) —NHCOCH₃ $\xrightarrow{\text{Br}_2}$ (　　) $\xrightarrow{(\quad)}$ Br——NH₂ $\xrightarrow{\text{苯磺酰氯 SO}_2\text{Cl}}$ (　　)

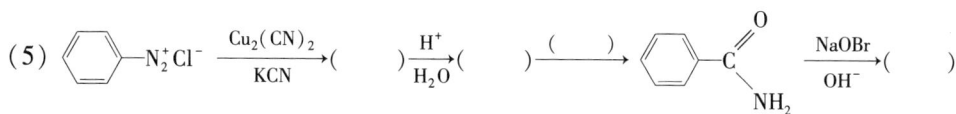

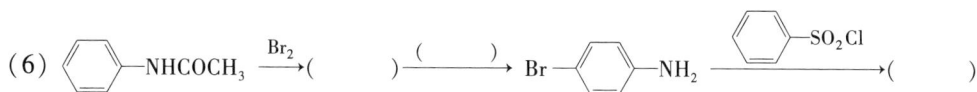

5. 用指定原料与任何无机试剂完成下列合成。

(1) 由乙烯合成 1,4-丁二胺　　　　　(2) 由硝基苯合成间氯溴苯

(3) 由正丁醇合成正丙醇　　　　　　(4) 由苯合成 1,3,5-三溴苯

6. 推导结构。

(1) 有一化合物 A 的分子式为 $C_7H_7O_2N$，无碱性，还原反应生成 C_7H_9N，C_7H_9N 有碱性。C_7H_9N 的盐酸盐与 HNO_2 作用，加热后放出 N_2 并生成对甲苯酚。试写出 A 的结构式。

(2) 某化合物 A 的分子式为 $C_6H_{15}N$，能溶于 HCl 与 HNO_2。在室温时反应放出 N_2 并得到 B，B 能发生碘仿反应。B 和浓 H_2SO_4 共热得到 C，C 被酸性 $KMnO_4$ 氧化的产物为乙酸和 2-甲基丙酸。试写出 A、B、C 的结构式。

第十一章 天然有机化合物

◀ **内容提要** ▶

(一) 碳水化合物

碳水化合物是指多羟基醛、酮或水解后可以生成多羟基醛、酮的化合物，它们的通式是 $C_mH_{2n}O_n$。碳水化合物可分为单糖、低聚糖和多糖，其中，单糖是本章的学习重点。

1. 单糖

（1）单糖的构型

单糖分子中都含有手性碳原子，它们有旋光异构现象，单糖构型用 D/L 表示，天然单糖均为 D 构型。

（2）单糖的环状结构

由于单糖分子中羟基和羰基存在于同一个分子中，单糖可以生成分子内的半缩醛或半缩酮而形成呋喃糖或吡喃糖，从而形成了一个新的手性中心，并产生了一对称为 α 和 β 差向异构的非对映异构体。在溶液中，α、β 式通过开链结构而相互平衡。

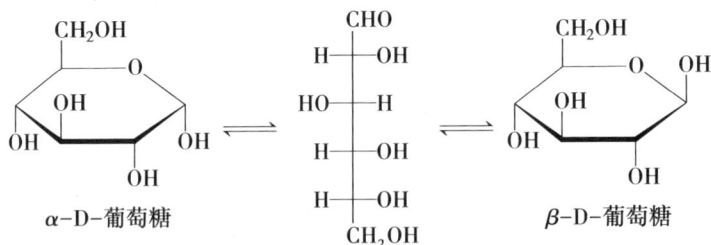

α-D-葡萄糖　　　　　　　　　　β-D-葡萄糖

因此，单糖具有变旋现象。

（3）单糖的性质

①成脎反应：单糖与苯肼作用生成糖脎。糖脎都是不溶于水的黄色结晶，不同的糖脎结晶形状、生成速度及熔点不同，因此可用来鉴别糖。

②差向异构化：用碱处理单糖时，能形成某些差向异构体的平衡体系。

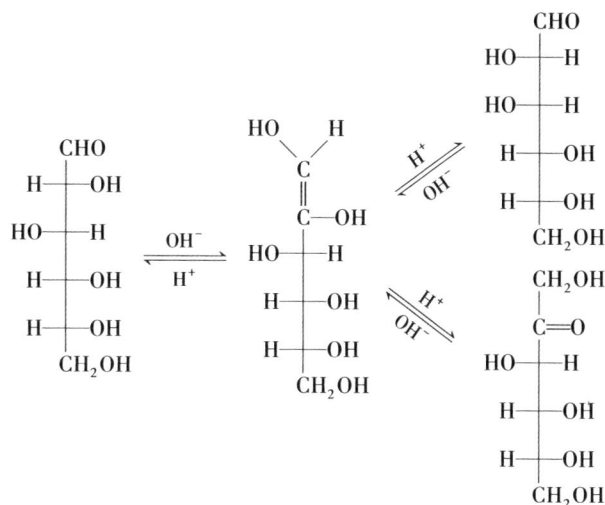

③氧化反应：

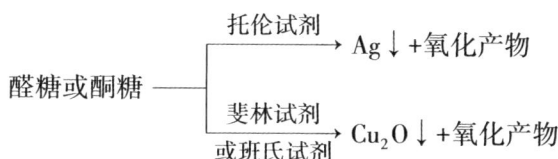

醛糖被溴水氧化成糖酸，被稀 HNO_3 氧化成糖二酸。酮糖不与溴水作用，与稀 HNO_3 作用时碳链发生断裂。

④颜色反应：

莫利许反应：糖+α-萘酚 $\xrightarrow{\text{浓 } H_2SO_4}$ 在两层液体界面处形成紫色环

西里瓦诺夫反应：酮糖+盐酸间苯二酚 $\xrightarrow{\triangle}$ 鲜红色(2 min 内)

2. 二糖

两个单糖分子间脱水形成二糖。若在两个单糖的半缩醛(酮)羟基间失水，则形成非还原性二糖，如蔗糖是一分子葡萄糖和一分子果糖通过两个半缩醛(酮)羟基失水形成 1,2-糖苷键；一个单糖的半缩醛羟基与另一个单糖的非半缩醛羟基失水而形成的二糖为还原性二糖，如麦芽糖是由两分子 D-葡萄糖通过 α-1,4-糖苷键相连而构成的，纤维二糖是由两分子 D-葡萄糖通过 β-1,4-糖苷键相连而构成的，乳糖则是由一分子 D-半乳糖和一分子 D-葡萄糖通过 1,4-糖苷键相连的 β-半乳糖苷。

3. 多糖

多糖是由许多葡萄糖单元通过糖苷键相连构成的，纤维素可以看作纤维二糖的聚合物，其中的糖苷键为 β-型。

淀粉包括直链淀粉和支链淀粉两种成分。直链淀粉主要是由 D-葡萄糖单元用 α-1,4-糖苷键结合的直链分子；在支链淀粉分子中，α-D-葡萄糖除通过 1,4-糖苷键连接成主链外，还存在着由 1,6-糖苷键形成的分支点。

(二)氨基酸、多肽和蛋白质

1. 氨基酸

蛋白质是生物体中最重要的化合物之一，α-氨基酸是构成蛋白质的基本单位，常见的氨基酸有 20 余种，其中有 8 种是必需氨基酸。

除甘氨酸外，其他的 α-氨基酸都有手性碳原子，且都是 L 构型。

氨基酸的主要性质和反应如下。

(1)两性和等电点

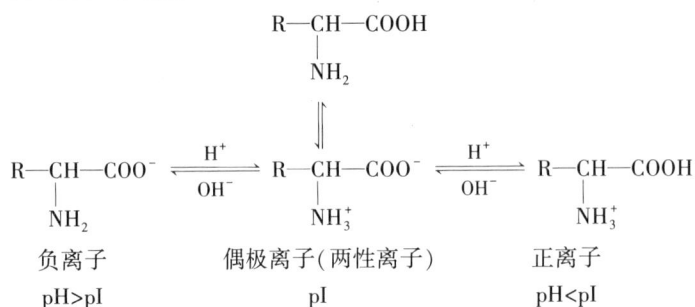

(2)与亚硝酸反应

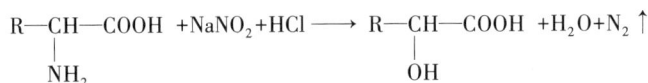

此反应可用于计算氨基酸的含量，称为范斯莱克法。

(3)与 2,4-二硝基氟苯(DNFB)的反应

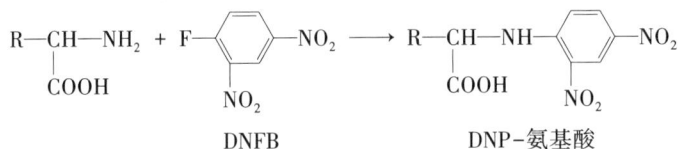

此反应用来鉴定多肽或蛋白质的末端氨基酸，称为桑格法。

(4)与甲醛的反应

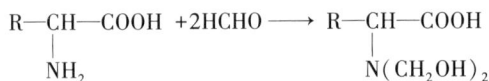

氨基与甲醛作用可使碱性消失，再用标准碱滴定—COOH，可计算氨基酸的含量。

(5)与水合茚三酮反应

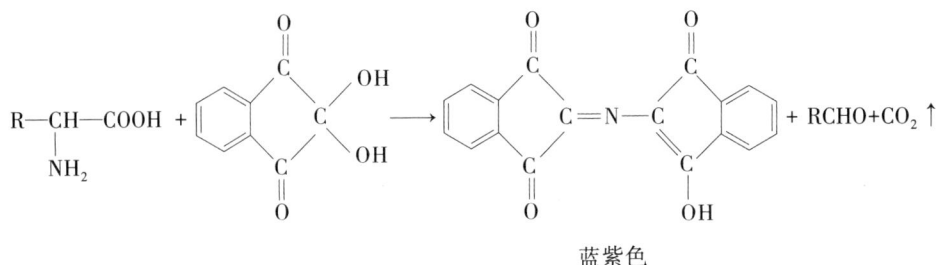

此反应适用于 α-氨基酸、多肽和蛋白质的定性和定量分析。

（6）成肽反应

$$H_2NCHCOOH + HNHCHCOOH \xrightarrow{-H_2O} H_2NCHCONHCHCOOH$$

$$\quad\;\; R_1 \qquad\qquad R_2 \qquad\qquad\qquad\quad R_1 \qquad R_2$$

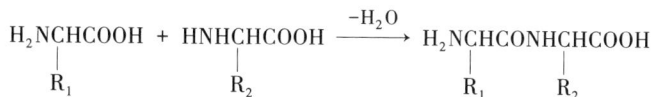

2. 多肽和蛋白质

多肽和蛋白质是由多个 α-氨基酸分子间失水形成酰胺键（—CONH—）而组成的链状高分子化合物。一般 50 个氨基酸以内的称为多肽，50 个氨基酸以上的称为蛋白质。

蛋白质溶于水时具有胶体溶液的性质。在蛋白质水溶液中加入无机盐溶液，可以使蛋白质从溶液中析出。同时，蛋白质具有变性现象，即蛋白质受到外界物理或化学因素的影响，使空间构象遭到破坏，因而丧失了其生物活性。

蛋白质水解时可以得到多肽、二肽，最后全部水解为 α-氨基酸，蛋白质也可以与水合茚三酮发生颜色反应。此外，由于它的分子中含有两个以上—CONH—结构，还能与缩二脲发生颜色反应。

（三）杂环化合物

杂环化合物是一种环状化合物，其环中除含碳原子外，还含有其他杂原子，常见的有 O、S、N。

杂环化合物通常分为五元杂环、六元杂环、稠杂环三类，它们多采用音译名。

杂环化合物均具有不同的芳香性，化学性质均较活泼。

噻吩、吡咯、呋喃环上的杂原子 S、N、O 的未共用电子对参与环的共轭体系，使环上电子密度增大，因此，这 3 个五元杂环化合物比苯活泼，较苯容易进行卤代、硝化、磺化、傅克等亲电取代反应，且亲电取代反应发生在 α 位。另外，共轭体系的产生，使吡咯具有一定的酸性。吡咯、噻吩、呋喃的芳香性顺序如下：

$$\text{(S)} > \text{(NH)} > \text{(O)}$$

吡啶的结构与苯相似，也具有芳香性，但由于吡啶环上电子云密度降低，亲电取代反应比较困难，在强烈条件下才可发生，而且反应发生在 β 位上。

此外，吡啶不同于吡咯，环上氮原子的一对未共用电子对不参与形成大 π 键，这一对电子可以与质子结合，所以吡啶的碱性比吡咯强。

（四）油脂和类脂

1. 油脂

油脂的主要成分是三高级脂肪酸的甘油酯，天然油脂大多是混合甘油酯的混合物，油脂中存在的脂肪酸大多是含偶数碳原子的直链酸。

（1）皂化反应

油脂在碱性条件下（NaOH 或 KOH）水解生成甘油和高级脂肪酸的钠盐（肥皂）的反应称为皂化反应。

将 1 g 油脂完全皂化所需 KOH 的毫克数称为该油脂的皂化值。

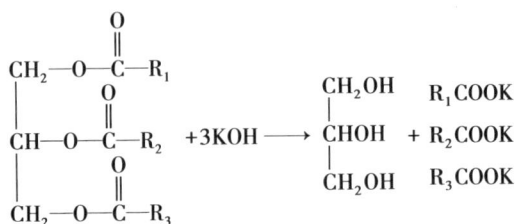

$$
\begin{array}{c}
\text{CH}_2\text{—O—}\overset{\overset{\displaystyle O}{\|}}{\text{C}}\text{—R}_1 \\
\text{CH—O—}\overset{\overset{\displaystyle O}{\|}}{\text{C}}\text{—R}_2 \quad +3\text{KOH} \longrightarrow \\
\text{CH}_2\text{—O—}\overset{\overset{\displaystyle O}{\|}}{\text{C}}\text{—R}_3
\end{array}
\qquad
\begin{array}{ll}
\text{CH}_2\text{OH} & \text{R}_1\text{COOK} \\
\text{CHOH} & + \text{R}_2\text{COOK} \\
\text{CH}_2\text{OH} & \text{R}_3\text{COOK}
\end{array}
$$

皂化值是检验油脂质量的重要参数之一，不纯的油脂皂化值偏低。

由皂化值还可用于估算油脂的平均相对分子质量：

$$
\overline{M} = \frac{3 \times 56 \times 1\,000}{\text{皂化值}}
$$

（2）油脂的酸败

油脂在阳光、热及微生物等作用下发生分解反应，产生低分子的醛、酮、羧酸等，这种现象称为油脂的酸败。油脂中游离脂肪酸的含量与油脂的品质有关，常用酸值表示。中和 1 g 油脂中游离脂肪酸所需要的 KOH 的毫克数称为该油脂的酸值。

（3）硬化（氢化）

含不饱和高级脂肪酸甘油酯较多的液体油，通过与 H_2 的加成反应，即可生成含饱和脂肪酸甘油酯较多的固体脂肪，所以油脂的氢化过程又称为硬化。

（4）碘值

每 100 g 油脂能够吸收 I_2 的克数称为碘值。油脂的不饱和程度越高，它的碘值越大。

（5）干化作用

某些植物油（如桐油）在空气中放置，能生成一层硬而有弹性的薄膜，这种现象叫干化。

油脂的干化性能与其成分的不饱和度有关，通常按碘值的大小将油脂分为干性油、半干性油、非干性油 3 种。

2. 磷脂和蜡

磷脂是一类含磷的类脂化合物，主要有卵磷脂、脑磷脂和神经鞘磷脂等。

卵磷脂是磷脂酸中磷酸和胆碱 $[\text{HOCH}_2\text{CH}_2\text{N}^+(\text{CH}_3)_3\text{OH}^-]$ 中的醇羟基结合而成的酯。

脑磷脂是磷脂酸中磷酸与胆胺（$\text{HOCH}_2\text{CH}_2\text{NH}_2$）中的醇羟基结合而形成的酯。

蜡的成分很复杂，其主要成分是高级脂肪酸和高级饱和一元醇的酯。

◀ **习　题** ▶

1. 单项选择题。

（1）葡萄糖和果糖可以用（　　）来鉴别。

A. 苯肼　　　　　B. 托伦试剂　　　　　C. 斐林试剂　　　　　D. 溴水

(2)纤维素水解的最终产物是( )。

A. 葡萄糖　　　　　B. 果糖　　　　　C. 蔗糖　　　　　D. 以上 3 种

(3)由甘氨酸和半胱氨酸合成的二肽数目为( )。

A.1 个　　　　　B.2 个　　　　　C.3 个　　　　　D.4 个

(4)在 pH=3.2 时,下列氨基酸以负离子形式存在的是( )。

A. 天门冬氨酸(pI=2.77)　　　　　　B. 脯氨酸(pI=6.33)

C. 组氨酸(pI=7.50)　　　　　　　　D. 谷氨酸(pI=3.20)

(5)吡啶和吡咯分子中的两个 N 原子的情况是( )。

A. 两个 N 原子轨道都是 sp^3 杂化轨道

B. 前者的 N 是 sp^2 杂化,后者的 N 是 sp^3 杂化

C. 两个 N 原子在环中成键的情况完全相同

D. 二者都是 sp^2 杂化,但吡啶中 N 原子的一个 sp^2 杂化轨道上有一对未共用电子对不成键

(6)下列化合物具有还原性的是( )。

A. 蔗糖　　　　　B. 淀粉　　　　　C. 果糖　　　　　D. 纤维素

(7)与硝酸作用,主要得 β 位产物的是( )。

A. 噻吩　　　　　B. 吡咯　　　　　C. 呋喃　　　　　D. 吡啶

(8)D(+)-葡萄糖与 D(+)-甘露糖的关系是( )。

A. 醛糖和酮糖　　B. C_2 差向异构体　　C. 对映异构体　　D. 外消旋体

(9)天然油脂水解后可得到的醇是( )。

A. 甘醇　　　　　B. 甘油　　　　　C. 肌醇　　　　　D. 木醇

(10)和苯肼反应时,( )能生成相同的脎。

A. 葡萄糖与半乳糖　　　　　　　　B. 果糖与甘露糖

C. 乳糖与半乳糖　　　　　　　　　D. 蔗糖与麦芽糖

(11)下列糖中( )不能被斐林试剂氧化。

A. 半乳糖　　　　　B. 蔗糖　　　　　C. 麦芽糖　　　　　D. 果糖

(12)不能成脎的化合物是( )。

A.
```
   CHO
H ——— OH
H ——— OH
  CH₂OH
```
B.
```
   CHO
HO ——— H
H ——— OH
  CH₂OH
```
C.
```
   CHO
H ——— H
H ——— OH
  CH₂OH
```
D.
```
   CHO
  ═══ O
H ——— OH
  CH₂OH
```

(13)下列化合物进行成脎反应时,可生成与 D-葡萄糖脎相同结构的是( )。

A.
```
   CHO
HO ——— H
H ——— OH
H ——— OH
H ——— OH
  CH₂OH
```
B.
```
   CHO
H ——— OH
HO ——— H
HO ——— H
H ——— OH
  CH₂OH
```
C.
```
   CH₂OH
  ═══ O
HO ——— H
H ——— OH
H ——— OH
  CH₂OH
```
D.
```
   COOH
H ——— OH
HO ——— H
H ——— OH
H ——— OH
  CHO
```

(14)油脂中游离脂肪酸含量常用酸值表示，其定义是(　　)。

A. 中和 1 g 油脂水解出的脂肪酸所需 KOH 的毫克数

B. 水解 100 g 油脂所需 KOH 的毫克数

C. 中和 1 g 油脂中游离脂肪酸所需 KOH 的毫克数

D. 中和 100 g 油脂中的游离脂肪酸所需 KOH 的毫克数

(15) 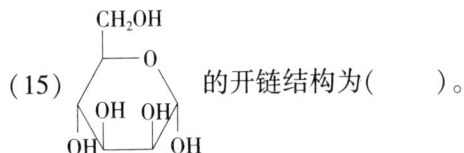 的开链结构为(　　)。

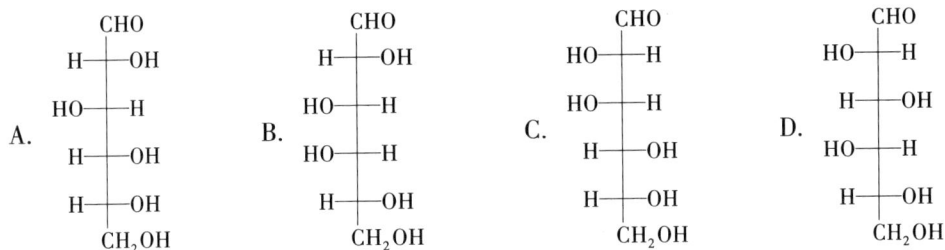

2. 填空题。

(1)甘氨酸的结构式为＿＿＿＿＿＿＿＿＿＿。

(2)α-氨基酸水溶液中加几滴 0.25% 茚三酮，加热 1~2 min，反应结果是＿＿＿＿＿＿＿＿＿＿。

(3)吡咯、呋喃、噻吩为芳香化合物，其亲电反应活性比苯＿＿＿＿＿＿＿＿＿＿。

(4)脂类化合物的共同物理性质是不溶于水，能溶于＿＿＿＿＿＿＿＿＿＿。

(5)$2NH_2CH_2COOH \xrightarrow[\text{成肽}]{-H_2O}$ ＿＿＿＿＿＿＿＿＿＿。

(6)能区分淀粉和纤维素的试剂是＿＿＿＿＿＿＿＿＿＿。

(7)鉴别蛋白质和多糖可选用的试剂是＿＿＿＿＿＿＿＿＿＿。

(8)粗苯中含少量噻吩，可加入＿＿＿＿＿＿＿＿＿＿把粗苯中的噻吩除去。

(9)四氢吡咯的碱性比吡咯的碱性＿＿＿＿＿＿＿＿＿＿。

(10)半胱氨酸的结构式为＿＿＿＿＿＿＿＿＿＿。

(11) 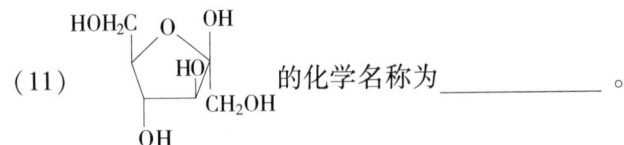 的化学名称为＿＿＿＿＿＿＿＿＿＿。

3. 鉴别下列各组化合物。

(1)己六醇和 D-葡萄糖　　(2)果糖和蔗糖　　(3)呋喃和吡咯

(4)糠醛和苯甲醛　　　　(5)蔗糖和淀粉　　(6)尿素和蛋白质

4. 按要求排列下列各组化合物。

(1)碱性由强到弱：甲胺，苯胺，氨，吡咯，吡啶

(2)芳香性由强到弱：苯，吡咯，呋喃，噻吩

5. 写出下列 pH 介质中各氨基酸的主要存在形式。

（1）谷氨酸在 pH=3 时（pI=3.22）　　（2）赖氨酸在 pH=10 时（pI=9.74）

（3）丝氨酸在 pH=1 时（pI=5.68）　　（4）缬氨酸在 pH=8 时（pI=5.96）

（5）色氨酸在 pH=12 时（pI=5.89）

6. 某氨基酸溶于 pH=7 的纯水中，所得氨基酸的溶液 pH=6，问此氨基酸的等电点大于 7、等于 7 还是小于 7？

7. 用适当的化学方法将下列化合物中的少量杂质除去。

（1）苯中有少量噻吩　　　　　　　　（2）甲苯中混有少量吡啶

8. 判断对错。

（1）α-D-葡萄糖和 β-D-葡萄糖是对映体。（　　　）

（2）D-甘露糖和 D-葡萄糖是差向异构体。（　　　）

（3）D-果糖和多糖都没有还原性。（　　　）

（4）二糖和多糖都没有还原性。（　　　）

（5）在 pH=6 的溶液中，谷氨酸（pI=3.2）主要以负离子形式存在。（　　　）

（6）凡含有 $-\overset{\overset{\text{O}}{\|}}{\text{C}}-\text{NH}-$ 结构的化合物都能发生缩二脲反应。（　　　）

9. 完成下列反应。

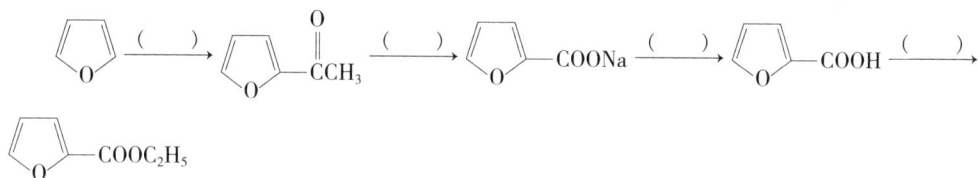

10. 用适当方法合成化合物。

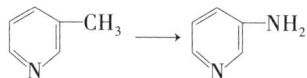

11. 推导结构。

有一个 D 型还原糖 A，分子式为 $C_6H_{12}O_6$，经稀 HNO_3 氧化后得一个没有旋光性的二元酸 B，分子式为 $C_6H_{10}O_3$。A 降解后得一个新的还原糖 C，分子式为 $C_5H_{10}O_5$，经稀 HNO_3 氧化后得到一个有旋光性的二元酸 D，分子式为 $C_5H_8O_7$。试写出 A、B、C、D 的结构式。

第十二章　波谱和质谱在有机化学中的应用

◀ 内容提要 ▶

(一)红外光谱

红外光谱(简称 IR)是测定有机物在用红外区域波长的光照射时,不同的基团在不同波长范围内有特征的吸收峰。同一基团在不同化合物中,其吸收峰的位置大致相同,所以测定一个化合物的红外光谱可以知道该化合物中存在哪些官能团。由于每一个化合物都有其独特的红外谱图,所以当两个物质的红外谱图完全相同时,两个物质必定是同一个化合物。

大多数 C—H 键、C—C 键、C—O 键、C—N 键等键的振动频率都在红外区域。当照射光的频率与基团振动的频率一致时,光被分子吸收而引起振动能级的跃迁,使键振动的振幅加大,通过红外光谱仪,便可记录下吸收峰的位置及强度。

一般红外谱图可以分为三个区域:官能团区($4\,000 \sim 13\,000$ cm^{-1}),指纹区($910 \sim 1\,300$ cm^{-1}),芳香区($650 \sim 910$ cm^{-1})。

常见的一些基团的吸收频率范围大致如下:

C—H、O—H、N—H、S—H	$3\,800 \sim 2\,500$ cm^{-1}	X—H 区
C≡C、C≡N	$2\,300 \sim 2\,000$ cm^{-1}	三键区
C=C、C=O、C=N、N=O	$1\,900 \sim 1\,500$ cm^{-1}	双键区
C—C、C—O、C—N	$1\,300 \sim 800$ cm^{-1}	单键区

各官能团特征吸收谱带详见教材的相关章节。

(二)紫外光谱

紫外(UV)区光的波长为 $100 \sim 400$ nm,在 200 nm 以下的为远紫外或真空紫外,$200 \sim 400$ nm 为近紫外,$400 \sim 800$ nm 为可见光区。一般的紫外光谱仪所用的波长范围为 $200 \sim 800$ nm,即包括近紫外及可见光区。

紫外光能量较高,分子吸收紫外光后,引起电子能级的跃迁,将价电子由基态激发至较高的能级——激发态,即进入反键轨道。可被激发的电子可以是 σ 电子、π 电子或共用电子对——n 电子。在紫外到可见光区域内,对于阐明有机物结构有意义的是 π-π* 及 n-π*。

如果分子具有共轭体系,由于共轭体系中 π 及 π* 轨道能量差比孤立的 π 及 π* 轨道之间的能量差小,共轭体系中的 π→π* 跃迁需要的能量较低。共轭体系越大,则 π→π* 跃迁所需能量越低,以致其吸收波段能移至可见光区。

一般紫外谱图较少而宽。$\pi \to \pi^*$ 跃迁需要的能量较 $n \to \pi^*$ 跃迁高，所以后者的吸收峰应出现在波长稍长些的区域，但其强度较 $\pi \to \pi^*$ 跃迁弱。

(三) 核磁共振谱

^1H、^{13}C、^{15}N 等一些质量数为单数的核可以产生核磁共振谱(简称 NMR)，其中，应用得最广泛的是 ^1H 核磁共振谱。

H 原子核是一个自旋的带电的物体。由于它的自旋可产生一个磁场，将自旋的 H 核置于外加磁场中，其磁矩在外加磁场中可以有两种取向，即与外磁场一致或相反。与外磁场一致是一种较稳定的状态，如果要使它与外磁场取向相反，则需给予能量。两种取向之间的能量差很小，无线电波区域频率即可使其反转。外磁场强度越强，其反转所需能量越高，即辐射频率 υ 越高。

$$\upsilon = \frac{rH}{2\pi} \qquad (12-1)$$

式中，r 为核常数(^1H 的为 26750)；H 为外磁场强度。

H 核在一定磁场强度下吸收了频率适当的能量而反转其磁矩的取向的现象，称为核磁共振。

H 根据它在分子中所处的化学环境不同，发生共振吸收的频率稍有差异，仪器便可记录下其吸收的谱图，因此，核磁共振谱能够用于有机物的结构分析。

1. 化学位移

H 与不同原子或基团相连，由于这些原子或基团的电子效应不同，会受到屏蔽作用和去屏蔽作用。由于屏蔽或去屏蔽而使 H 核的共振吸收向高场或低场的转移称为化学位移。不同化学环境中的 H 化学位移的数值不同。化学位移以 δ 表示，大多数 H 的 δ 值在 0~10。

标准样品 $(CH_3)_4Si$ 中 H 的 δ 值定为 0，则其他有机分子中 H 的 δ 值都将大于 0。具体样品 δ 值的计算为：

$$\delta = \frac{\text{观察到的样品峰相对应的频率}(H_2)}{\text{核磁共振仪所用的射频}(MH_2)} \times 10^6 \qquad (12-2)$$

我们可以由化学位移推测各类 H 与哪些基团相连。但在某些情况下，分子中不与这些 H 直接相连的基团也会影响它们的化学位移。

2. 自旋偶合、裂分

裂分是由分子中相邻碳上 H 核自旋而产生的很小的磁场对外加磁场的影响而引起的。一个 H 核受到邻近 H 核自旋而产生的磁场的作用，这种自旋磁场的相互作用叫作自旋偶合。

一个信号被裂分的数目，取决于相邻 H 的数目。如果有 n 个等同的相邻的 H，则该信号被裂分为 $n+1$ 个峰。如果与某一个 Hx 相邻的是两组不等同的 H 原子，每组 H 的数目分别是 m 和 n 个，则 Hx 信号的裂分数为 $(m+1)(n+1)$。

(四) 质谱

待测样品在高真空下汽化后电离并分裂成碎片。样品分子由于电子流的冲击而电离，分子变成了带正电荷的分子离子。这些带电粒子在电场中被加速，又在磁场内按其质荷比(m/z)分开，并按照其各自的离子强度(丰度)而被记录下来。

分子离子峰(或称母体峰)是质谱图中质量数最大的峰。当分子离子因电子效应而稳定时，便能在图谱中看到大丰度的分子离子峰。其稳定性排序如下：

醇<酸<胺<酯<醚<直链烃<羰基化合物<脂环化合物<烯烃<共轭烯烃<芳烃

在分子离子峰和碎片峰的周围还伴有丰度较低的同位素峰。其相对丰度反映的是天然元素中同位素所占的比例。借助分子离子同位素峰的相对丰度可以计算出化合物的准确分子式。

◀ **习　题** ▶

1. 图 12-1 为 $CH_3CH=\overset{\overset{\displaystyle O}{\|}}{\underset{\overset{\displaystyle |}{CH_3}}{C}}-CCH_3$ 的紫外吸收光谱(在乙醇中)，指出两个吸收峰各属于什么类型的迁移？

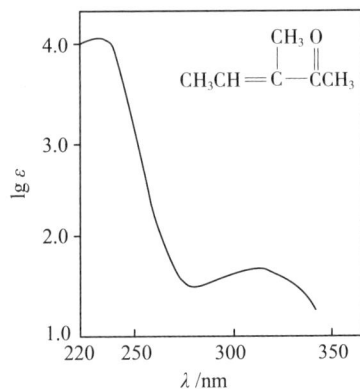

图 12-1　紫外吸收光谱

2. 用红外光谱区区分下列各组化合物。

(1) CH_3CHO 与 $CH_3CH(OCH_3)_2$

(2) $CH_3CH_2CH_2CH_3$ 与 $CH_3CH_2CH=CH_2$

(3) $C_6H_5C\equiv CH$ 与 $C_6H_5CH=CH_2$

(4) ⬡—CHO 与 ⬡—CH=CHCHO

3. 下列化合物有几组不同的质子？

(1) $CH_3CH_2CH_2Br$
(2) $BrCH_2CH_2Cl$
(3) $CH_3\underset{\overset{\displaystyle |}{OH}}{CH}CH_3$

(4) ⬡—CH(CH₃)₂
(5) CH_3CH_2CHO
(6) $H_3C\overset{\overset{\displaystyle H}{|}}{\underset{\overset{\displaystyle}{\triangle}}{}}$ (环丙烷结构，H₃C、H、H、H、H)

(7) $\underset{\overset{\displaystyle |}{H}}{\overset{\overset{\displaystyle H_3C}{\diagdown}}{C}}=\underset{\overset{\displaystyle |}{H}}{\overset{\overset{\displaystyle H}{\diagup}}{C}}$

4. 粗略绘出下列各化合物的 NMR 图，注明各峰的归属，并尽可能指出各组峰的大致化学位移范围。

(1) $CH_3CCl_2CH_2Cl$
(2) CH_3CHBr_2
(3) $CH_3COOCH_2CH_3$

(4) Cl—⬡—$\overset{\overset{\displaystyle O}{\|}}{C}CH_3$
(5) $\underset{\overset{\displaystyle |}{H_3C}}{\overset{\overset{\displaystyle H_3C}{|}}{}}CHOH$
(6) ⬡O (含氧六元环)

（7）$CH_3CH_2CH_2OCH_2CH_2CH_3$　　　　　　　（8）$HCOOCH_2CH_2CH_3$

5. A、B 两种化合物的分子式均为 $C_3H_6Cl_2$，测得它们的 NMR 谱数据分别为：

A：$\delta = 2.2$ mg/kg、五重峰、2H

　　$\delta = 3.7$ mg/kg、三重峰、4H

B：$\delta = 2.4$ mg/kg、单峰、6H

推导 A、B 的结构。

6. 化合物 A 的分子式为 $C_{10}H_{15}N$，它易溶于稀 HCl，但不与苯磺酰氯反应。A 与 HNO_2 作用得到一个化合物 B，B 的分子式为 $C_{10}H_{14}ON_2$。B 的 NMR 数据如下：

$\delta = 1.1$ mg/kg、三重峰、6H

$\delta = 3.3$ mg/kg、四重峰、4H

$\delta = 6.8$ mg/kg、多重峰、4H

推导化合物 A 的结构式。

7. 一个化合物 A 的分子式为 $C_9H_{10}O$，它不发生碘仿反应，其红外光谱在 1 690 cm^{-1} 处有强的吸收，核磁共振谱表明：

$\delta = 1.2$ mg/kg、三重峰、3H

$\delta = 3.0$ mg/kg、四重峰、2H

$\delta = 7.7$ mg/kg、多重峰、5H

已知 B 为 A 的异构体，能发生碘仿反应，其红外光谱在 1 705 cm^{-1} 处有强的吸收。核磁共振谱为：

$\delta = 2.0$ mg/kg、单峰、3H

$\delta = 3.5$ mg/kg、单峰、2H

$\delta = 7.1$ mg/kg、多重峰、5H

推导 A、B 的结构。

8. 根据下列核磁共振谱，确定分子式为 $C_{17}H_{35}COOH$ 的两个异构脂肪酸 A 和 B 可能的结构。

异构体 A：①三重峰、$\delta = 0.8$ mg/kg、3H

　　　　　②宽带峰、$\delta = 1.35$ mg/kg、3H

　　　　　③三重峰、$\delta = 2.3$ mg/kg、2H

　　　　　④单峰、$\delta = 12.0$ mg/kg、1H

异体构 B：①三重峰、$\delta = 0.8$ mg/kg、3H

　　　　　②二重峰、$\delta = 1.15$ mg/kg、3H

　　　　　③宽带峰、$\delta = 1.35$ mg/kg、28H

　　　　　④多重峰、$\delta = 2.2$ mg/kg、1H

　　　　　⑤单峰、$\delta = 12.5$ mg/kg、1H

9. 指出下列各化合物的红外图谱中箭头所指的峰的归属。

（1）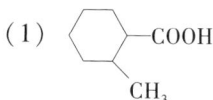

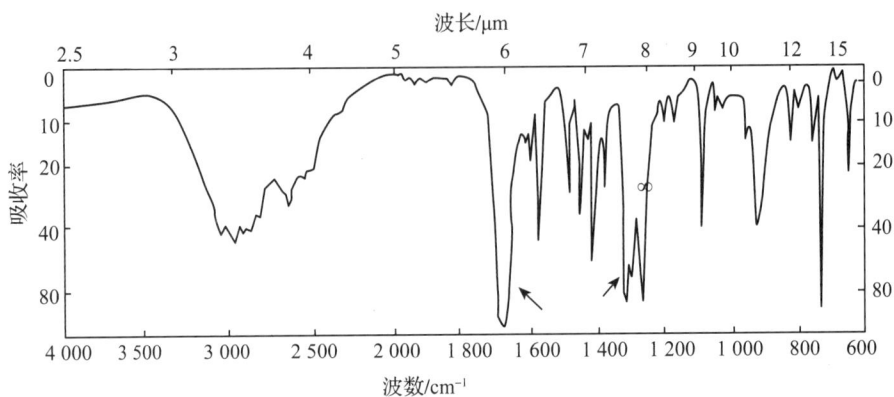

图 12-2 2-甲基环己酸红外光谱

（2）$CH_3CH_2CH_2CH_2C{\equiv}CH$

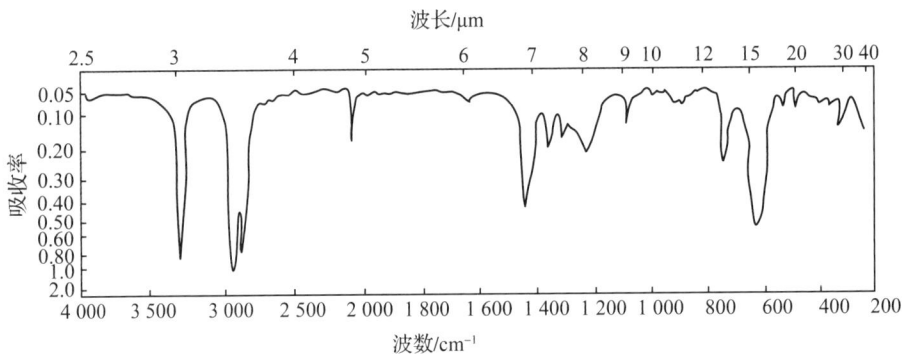

图 12-3 1-己炔红外光谱

（3）$CH_3CH{=}CHCH_2OH$

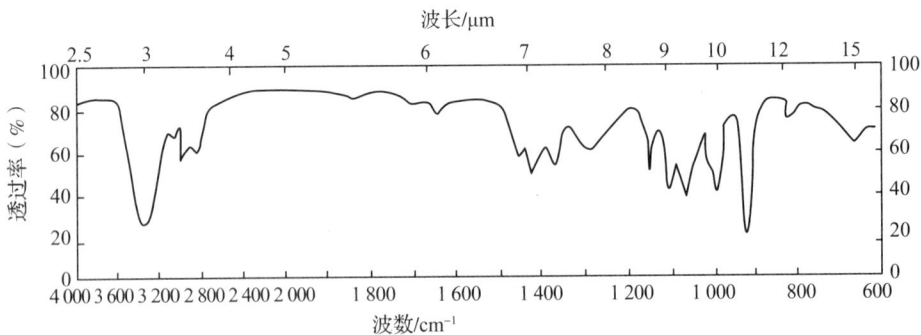

图 12-4 2-丁烯-1-醇红外光谱

10. 化合物 A 的分子式为 $C_9H_{12}O$，其红外及核磁共振谱如图 12-5（1）和（2）所示。A 的结构是什么？

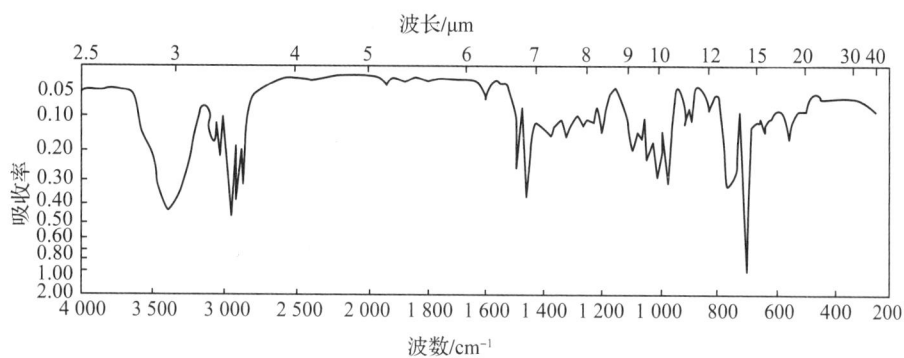

（1）化合物 A 的红外光谱

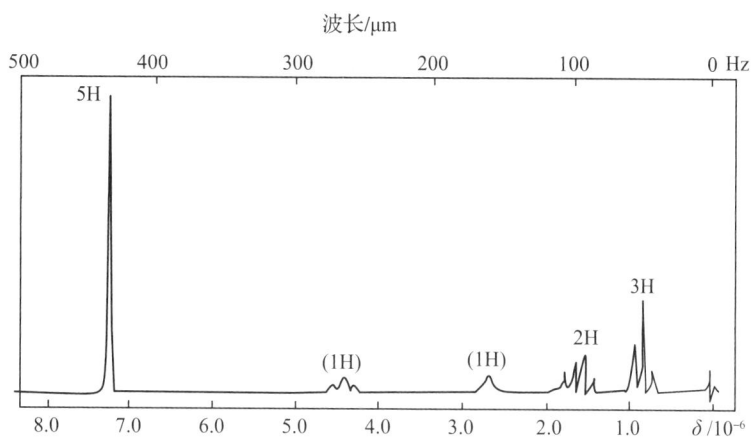

（2）化合物 A 的核磁共振谱

图 12-5 化合物 A 的红外及核磁共振谱

本科生期末考试模拟试题

本科生期末考试模拟试题一

(所有答案必须写在答题卡上，答在试卷上无效，考试结束后试卷及答题卡一并收回)

一、单项选择题(25分，每小题1分)

1. 下列一对化合物是(   )异构体。

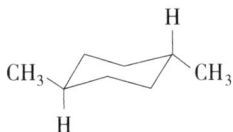

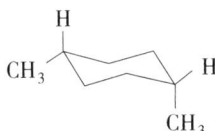

 A. 非对映体   B. 构型异构体 C. 对映异构体 D. 构造异构体

2. 下列化合物中酸性最强的是(   )。

 A. CH_3CH_2COOH B. $Cl_2CHCOOH$

 C. $ClCH_2COOH$ D. $ClCH_2CH_2COOH$

3. $CF_3CH{=}CH_2$ 与 HCl 反应的主要产物为(   )。

 A. $CF_3CHClCH_3$

 B. $CF_3CH_2CH_2Cl$

 C. $CF_3CHClCH_3$ 和 $CF_3CH_2CH_2Cl$ 二者相差不多

 D. 不能发生反应

4. 下列化合物(   )能与顺–丁烯二酸酐反应生成固体。

 A. $CH_2{=}CHCH_2CH_3$ B. $CH_2{=}CH_2$

 C. $CH_2{=}C(CH_3){-}CH{=}CH_2$ D.

5. 下列试剂不能用来鉴别苯酚和羧酸的是(   )。

 A. $NaHCO_3$ 溶液 B. 溴水   C. NaOH 溶液   D. $FeCl_3$ 溶液

6. 下列化合物(   )不具有芳香性。

 A.   B.   C. 萘   D. 18-轮烯

7. 下列化合物中，烯醇式含量最高的是(   )。

 A. $CH_3{-}CO{-}CH_3$ B.

C. $CH_3-CO-CH_2-COOC_2H_5$ D. ⬡—$CO-CH(CH_3)-COOCH_3$

8. 下列化合物能发生缩二脲反应的是（　　）。

A. $CH_3CONHCH_2CH_3$ B. $CH_3CH_2COONH_4$

C. $C_6H_5CONHCH_3$ D. $H_2NCONHCONH_2$

9. 吡啶中氮原子上的一对未共用电子对属于（　　）。

A. s 电子 B. sp^2 电子 C. sp 电子 D. sp^3 电子

10. 肽键具有（　　）。

A. α-螺旋结构 B. β-折叠片结构 C. 直线形结构 D. 平面结构

11. 下列酸中属于不饱和脂肪酸的是（　　）。

A. 甲酸 B. 草酸 C. 硬脂酸 D. 油酸

12. 下列卤代烃按 S_N1 历程进行反应，速度最快的是（　　）。

A. ⬡—CH_2Br B. ⬡—Br C. ⬡—Br D. ⬡—Br

13. 能与斐林试剂作用的化合物是（　　）。

A. 苯乙酮 B. 苯甲醛 C. 苯乙醛 D. 苯甲醇

14. 羧酸分子中的羰基不容易发生亲核加成反应，主要原因是（　　）。

A. 空间效应 B. p-π 共轭效应 C. 诱导效应 D. π-π 共轭效应

15. 下列化合物不具有立体异构现象的是（　　）。

A. 乳酸 B. 油酸 C. 水杨酸 D. 酒石酸

16. α-D-葡萄糖和 β-D-葡萄糖不是下列哪种关系（　　）。

A. 端基异构体 B. 差向异构体 C. 异头物 D. 对映体

17. 蔗糖分子中，葡萄糖和果糖之间通过以下哪种苷键连接（　　）。

A. α-1, 2-苷键 B. α-苷键 C. β-苷键 D. β-1, 2-苷键

18. 水解能生成胆碱的化合物是（　　）。

A. 蜡 B. 油脂 C. 脑磷脂 D. 卵磷脂

19. 在有机合成中，常用作醛基保护的反应是（　　）。

A. 缩醛反应 B. 羟醛缩合反应 C. 酯缩合反应 D. 康尼查罗反应

20. 下列哪个化合物能生成格氏试剂（　　）。

A. $CH_3CH_2ClCH_2OH$ B. $HC{\equiv}CCH_2CH_2Br$ C. $ClCH_2CH_2COOH$ D. $CH_3CH_2CH_2CH_2I$

21. 可以在下列（　　）试剂中合成格氏试剂。

A. 酯 B. 醇 C. 醚 D. 石油醚

22. 乙醇和二甲醚是（　　）异构体。

A. 位置异构 B. 碳干异构 C. 互变异构 D. 官能团异构

23. 威廉森反应是合成下列（　　）化合物的好方法。

A. 酮 B. 酯 C. 混合醚 D. 卤代烃

24. 下列化合物水溶性最小的是（　　）。

A. $CH_3OCH_2CH_3$ B. $CH_3CH_2CH_2OH$ C. $CH_3CH_2CHBrCH_3$ D. CH_3CH_2CHO

25. 在碱性溶液中，甲醛能够发生(   )。

A. 康尼查罗反应
B. 碘仿反应
C. 克莱门森还原反应
D. 羟醛缩合反应

二、填空题(15 分，每空 1 分)

1. 烯烃分子中的官能团是_____，其中一个价键是 σ 键，另一个是_____，该键的稳定性比 σ 键要_____。

2. 在 Fischer 投影式中，规定原子或基团的空间位置是横_____竖_____。

3. 在过氧化物存在下，HBr 与不对称烯烃的反应机理属于_____反应。

4. 6 个碳的烷烃可能有的同分异构体最多有_____个。

5. α-醇酸加热脱水生成_____，γ-醇酸加热脱水生成_____。

6. 纤维素属于_____(还原性，非还原性)多糖。

7. sp^3 杂化碳原子的空间结构是_____。

8. 1,2-二甲基环丙烷有_____种同分异构体。

9. 自然界中单糖一般为_____型。

10. 核酸按其组成不同分_____和_____两大类。

三、判断题(10 分，每小题 1 分)

1. 可以用班乃狄可试剂鉴别甲醛和脂肪族其他醛。(   )

2. 含有 α-H 的醛或酮均能发生碘仿反应。(   )

3. 脂环烃中三元环中张力很大，较其他环反应活性强，在试剂作用下，容易开环。(   )

4. 醛、酮化学性质比较活泼，在氧化剂作用下能被氧化成相应的羧酸。(   )

5. 凡能与自身镜像完全重合的分子，就不是手性分子，就没有旋光性。(   )

6. 环己烷的船式构象中有范德华斥力。(   )

7. 一般而言，键能大的共价键发生化学反应的活性也强。(   )

8. 有极性键的分子就是极性分子。(   )

9. 氢键是活泼 H 与 N、O、F 3 个原子上的孤对电子形成的。(   )

10. 自由基取代反应是烷烃特有的反应。(   )

四、排列顺序题(10 分，每小题 2 分)

1. 将下列原子或基团按顺序规则由大到小排序_____。

A. —Br
B. —SO₃H
C. —NO₂
D. —NH₂

2. 将下列碳正离子的稳定性由大到小排列_____。

A. ⌬—CH₂⁺
B. ⌬—CH⁺—CH₃
C. ⌬—CH⁺—CH=CH₂
D. ⌬—CH₂—CH₂⁺

3. 将下列化合物按酸性由大到小排列_____。

A. ⌬—SO₃H
B. HCOOH
C. CH₃COOH
D. ⌬—COOH

4. 下列羰基化合物与 HCN 反应的活性从大到小排列_____。

A. CH₃COCH₃
B. CH₂=CHCHO
C. ⌬=O
D. HCHO

5. 下列化合物发生硝化反应的活性顺序由大到小排列 _____ 。

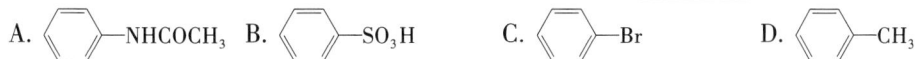

A. ⬡—NHCOCH₃　B. ⬡—SO₃H　　C. ⬡—Br　　　D. ⬡—CH₃

五、完成下列转化（15 分，每空 1.5 分）

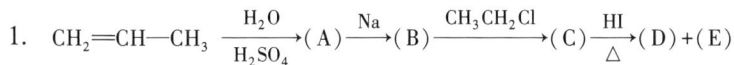

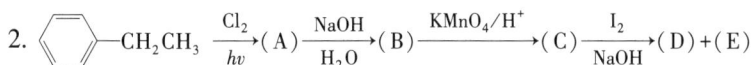

1. $CH_2{=}CH{-}CH_3 \xrightarrow[H_2SO_4]{H_2O} (A) \xrightarrow{Na} (B) \xrightarrow{CH_3CH_2Cl} (C) \xrightarrow[\triangle]{HI} (D)+(E)$

2. ⬡—CH₂CH₃ $\xrightarrow[hv]{Cl_2} (A) \xrightarrow[H_2O]{NaOH} (B) \xrightarrow{KMnO_4/H^+} (C) \xrightarrow[NaOH]{I_2} (D)+(E)$

六、推导结构（15 分，每个答案 3 分）

1. 某烯 0.7 g 能跟 2 g Br₂ 完全反应，不论有没有过氧化物存在，与 HBr 反应只能得到一种一溴代物。试推导该化合物的结构式。

2. 分子式为 C₇H₁₂ 的化合物 A，与 KMnO₄ 作用后得到环己酮。A 用酸处理可以生成 B，B 使溴水褪色并生成 C，C 与 KOH 的乙醇溶液共热可生成 D，D 经 O₃ 氧化还原水解后可生成丁二醛（OHCCH₂CH₂CHO）和丙酮醛（CH₃COCHO）。B 经 O₃ 氧化后得到 CH₃COCH₂CH₂CH₂CH₂CHO。试推导 A、B、C、D 的结构式。

七、合成题（10 分，每小题 5 分）

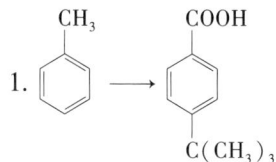

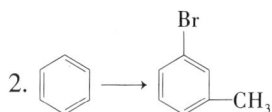

1. ⬡(CH₃) ⟶ ⬡(COOH, C(CH₃)₃)

2. ⬡ ⟶ ⬡(Br, CH₃)

本科生期末考试模拟试题二

(所有答案必须写在答题卡上，答在试卷上无效，考试结束后试卷及答题卡一并收回)

一、单项选择题(25 分，每小题 1 分)

1. 下列化合物与 $NaHSO_3$ 反应活性最大的是(　　)。

A. $CH_3CH_2CH_2COCH_3$　　　　　　　　　　B. $C_6H_5COC_6H_5$

C. $CH_3CH_2COCH_2CH_3$　　　　　　　　　　D. $CH_3CH_2CH_2CH_2CHO$

2. 下列化合物沸点最高的是(　　)。

A. 丁醛　　　　　B. 1-丁醇　　　　　C. 丁酮　　　　　D. 丁酸

3. 下列试剂不能与烯烃发生亲电加成的是(　　)。

A. HI　　　　　B. Br_2/H_2O　　　　　C. H_2SO_4　　　　　D. HCN

4. 与 D-葡萄糖互为 C_2 差向异构体的是(　　)。

A. L-葡萄糖　　　　B. D-半乳糖　　　　C. D-核糖　　　　D. D-甘露糖

5. 化合物：①吡咯、②苯、③吡啶，发生亲电取代反应的活性由高到低排列正确的为(　　)。

A. ①②③　　　　B. ③②①　　　　C. ①③②　　　　D. ②①③

6. 将 1-苯基-1-丙酮还原为正丙苯的试剂为(　　)。

A. Sn+HCl　　　　B. H_2/Ni　　　　C. $NaHB_4$　　　　D. Zn-Hg/浓 HCl

7. 鉴别 C_6H_5OH 和 $C_6H_5CH_2OH$ 最好的方法是(　　)。

A. 与 Na 反应　　　　　　　　　　B. 与 $NaHSO_3$ 反应

C. 与 $FeCl_3$ 水溶液反应　　　　　　D. 加入无水 $ZnCl_2$/浓 HCl

8. 发生亲电取代反应时，亲电取代首先发生在(　　)。

A. 与羟基同环的 α 位　　　　　　B. 与羟基同环的 β 位

C. 与羟基异环的 α 位　　　　　　D. 与羟基异环的 β 位

9. 下列化合物中，最容易发生醇解的是(　　)。

A. 甲乙酐　　　　B. 乙酰苯胺　　　　C. 苯乙酰氯　　　　D. 乙酸乙酯

10. 下列构象中，属于反-1-甲基-3-乙基环己烷的优势构象的是(　　)。

A. 　　　　　　　　B.

C. 　　　　　　　　D.

11. 下列化合物酸性最强的是(　　)。

A. $CH_3CHBrCOOH$　　　　　　　　B. $CH_3CHICOOH$

C. $CH_3CHFCOOH$ D. CH_3CH_2COOH

12. 下列化合物中，最容易发生脱羧反应的是（　　）。

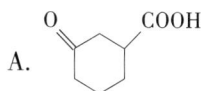

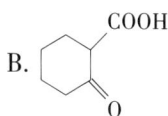

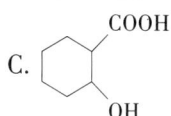

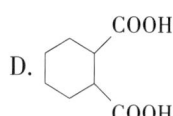

A.   B.   C.   D.

13. 下列自由基最稳定的是（　　）。

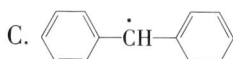

A.   B.   C.   D.

14. 根据当代的观点，有机物应该是（　　）。

A. 来自动植物的化合物   B. 来自自然界的化合物

C. 人工合成的化合物   D. 含碳的化合物

15. 下列化合物不具有手性的是（　　）。

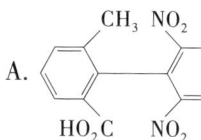

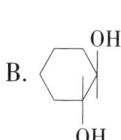

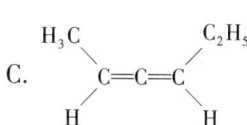

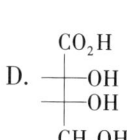

A.   B.   C.   D.

16. 下列化合物中，既有顺反异构又有对映异构的是（　　）。

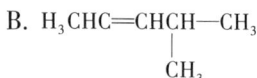

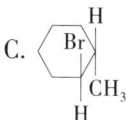

A.   B. $H_3CHC=CHCH-CH_3$ 带 CH_3

C.   D. $H_3CHC=C=CHCH_3$

17. 化合物 中存在的共轭体系有（　　）。

A. p-π，π-π   B. σ-π，π-π   C. σ-π，p-π   D. σ-π，p-π，π-π

18. 下列化合物具有芳香性的是（　　）。

A.   B.   C.   D.

19. 下列共价键极性最强的是（　　）。

A. C—H   B. C—O   C. O—H   D. C—N

20. 下列化合物不具有变旋现象的是（　　）。

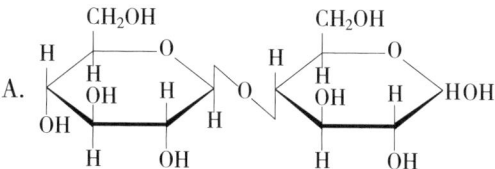

A.

B.

C.

D.

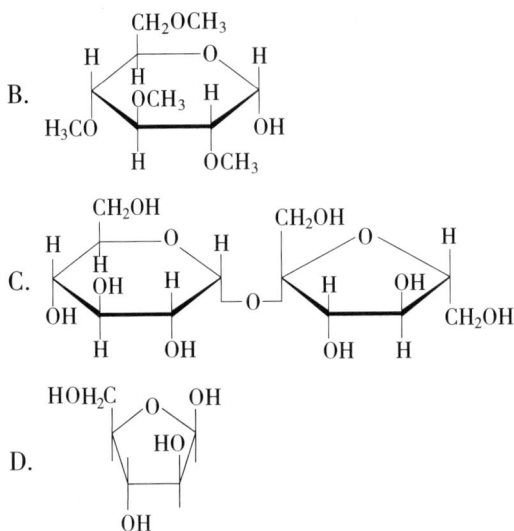

21. 1828 年，德国人维勒(F. Wöhler)合成尿素时，他用的原料是( )。

A. 碳酸铵　　　　　B. 醋酸铵　　　　　C. 氰酸铵　　　　　D. 草酸铵

22. 下列溶剂中，极性最强的是( )。

A. $C_2H_5OC_2H_5$　　B. CCl_4　　　　C. C_6H_6　　　　D. C_2H_5OH

23. 下列溶剂中，最难溶解离子型化合物的是( )。

A. H_2O　　　　　B. CH_3OH　　　　C. $CHCl_3$　　　　D. C_8H_{18}

24. 下列负离子，最稳定的是( )。

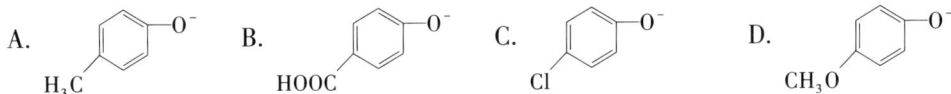

A. 　　B. 　　C. 　　D.

25. 等量吡咯和吡啶与 CH_3COONO_2 发生硝化反应，主要产物是( )。

A. 　　B. 　　C. 　　D.

二、填空题(15 分，每空 1 分)

1. 进行康尼查罗反应的条件是_____。

2. 苯胺发生重氮化反应的温度条件是_____。

3. 在干燥 HCl 催化条件下，乙二醇可与丙醛反应生成_____物质。

4. 除去苯中少量噻吩可采用_____方法。

5. 在分子 中，手性碳所连的 4 个原子或基团的大小次序是_____。

6. 炔烃分子中，碳碳三键中 C—C σ 键是由_____杂化轨道形成的。

7. $2CH_3COOC_2H_5 \xrightarrow{C_2H_5ONa} CH_3COCH_2COOC_2H_5$，该反应称_____。

8. D-(-)-乳酸，括号中的"-"表示_____。

9. 尿素的官能团使其属于_____化合物。

10. $H-\overset{CH_3}{\underset{COOH}{\vert}}-OH$ 与 $H_3C-\overset{H}{\underset{COOH}{\vert}}-OH$ 的关系是_____。

11. $C_6H_5CH=CHCHO \xrightarrow[\text{浓 HCl}]{Zn-Hg}$ _____。

12. 糠醛的结构式是_____。

13. 胆胺的结构式是_____。

14. 顺-1-甲基-3-异丙基环己烷的优势构象是_____。

15. $CH_2=CH-CH=CH_2 + Br_2$ 在较高温度下生成较多 1,4-加成产物，此现象称为化学反应的_____控制。

三、判断题（10分，每小题1分）

1. 在环己烷的各种构象中，只有椅式构象不具有角张力。（　　）

2. 内消旋体中不含手性碳。（　　）

3. 由于烯烃分子中具有不饱和价键，其中 π 键容易断裂，表现出活泼的化学性质，因此烯烃要比相应烷烃性质活泼。（　　）

4. 单分子亲核取代的反应速度与亲核试剂的浓度大小无关。（　　）

5. 在卤代烃或醇的亲核取代反应中，常有消除产物出现。（　　）

6. 羰基中含有不饱和价键，因此亲电试剂可以与羰基反应。（　　）

7. (-)乳酸和(-)酒石酸是非对映体。（　　）

8. 烯烃和苯环的 α 位容易发生取代反应，是因为中间体可以和烯或苯环形成共轭体系。（　　）

9. 伯醇分子间脱水成醚的反应机理是亲核取代。（　　）

10. 缩醛对氧化剂和还原剂稳定，这是因为缩醛与醚的结构相似，性质也与醚相似。（　　）

四、排列顺序题（10分，每小题2分）

1. 将下列化合物按碱性从强到弱排列_____。

A. NH_3　　　　　　B. （吡啶）　　　　　C. （苯胺 NH_2）　　　　　D. CH_3NH_2

2. 将下列酯类化合物按水解反应活性从强到弱排列_____。

A. $O_2N-\langle\rangle-OOC_2H_5$　　　　　　B. $Br-\langle\rangle-OOC_2H_5$

C. $CH_3O-\langle\rangle-OOC_2H_5$　　　　　　D. $H_3C-\langle\rangle-OOC_2H_5$

3. 将下列化合物的沸点由高到低排列_____。

A. 正丁醇　　　　B. 2-甲基丙醇　　　　C. 丁醛　　　　　D. 仲丁醇

4. 将下列原子或基团按顺序规则由大到小排序_____。

A. —CHO　　　　B. —CH_2OH　　　　C. —CN　　　　　D. —COOH

5. 将下列化合物发生 S_N1 反应活性由强到弱排列_____。

A. —CH₂Br　　B. —CH₂Br　　C. CH₂=CHBr　　D.

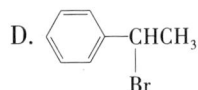

五、完成下列转化（15分，每空 1.5 分）

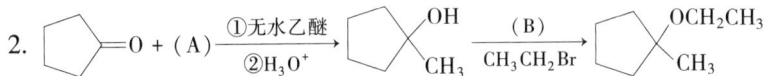

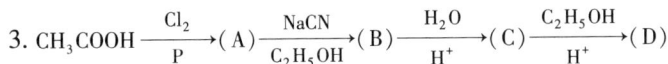

1. $CH_3CH=CH_2 \xrightarrow[\text{过氧化物}]{\text{HBr}} (A) \xrightarrow[\text{无水乙醚}]{\text{Mg}} (B) \xrightarrow[②H_3O^+]{①HCHO} (C) \xrightarrow{(D)} CH_3CH_2CH_2CHO$

2.

3. $CH_3COOH \xrightarrow[P]{Cl_2} (A) \xrightarrow[C_2H_5OH]{NaCN} (B) \xrightarrow[H^+]{H_2O} (C) \xrightarrow[H^+]{C_2H_5OH} (D)$

六、推导结构（15分，每个答案 2.5 分）

1. 化合物 A 的分子式为 $C_9H_{10}O$，它不能与金属钠反应，但能与 Br_2/CCl_4 反应使 Br_2 褪色。A 与 HI 作用可产生 B 和 C 两种物质。B 能与 $FeCl_3$ 发生显色反应，与溴水反应可产生白色沉淀。C 能与 Br_2/CCl_4 反应使其褪色，在室温下与 $AgNO_3/C_2H_5OH$ 溶液作用可迅速生成黄色沉淀。试推导 A、B、C 的结构。

2. 化合物 A 和 B 的分子式都是 $C_9H_{13}N$。A 有旋光性，可与 HNO_2 反应放出 N_2，产物中有醇生成，并且这种醇不能发生碘仿反应。B 在低温条件下与 HNO_2 反应生成一种重氮盐，重氮盐与 CuCN/KCN 反应得一化合物 C，C 经过酸性条件水解再用 $KMnO_4$ 氧化可得到对苯二甲酸。C 在光照条件下与等量的 Br_2 反应得到的产物无光学活性。试推导 A、B、C 的结构。

七、合成题（10分，每小题 5 分）

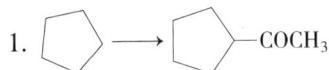

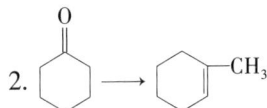

1. ⟶ —COCH₃

2. ⟶ —CH₃

本科生期末考试模拟试题三

(所有答案必须写在答题卡上，答在试卷上无效，考试结束后试卷及答题卡一并收回)

一、单项选择题(25 分，每小题 1 分)

1. 正丁烷分子中存在的典型构象数目有( )。

A. 2 种   B. 3 种   C. 无数种   D. 4 种

2. 按顺序规则，最优基团应为( )。

A. $-\overset{\text{O}}{\underset{}{\text{C}}}-\text{Cl}$ B. $-\text{N}\overset{\text{O}}{\underset{\text{O}}{}}$ C. $-\text{C}\equiv\text{N}$ D. $-\overset{\text{O}}{\underset{}{\text{C}}}\text{OR}$

3. 下列化合物加入 $Ag(NH_3)_2^+$ 有白色沉淀的是( )。

A. $CH_3C\equiv CCH_3$ B. $CH_2=CH-CH=CH_2$

C. $CH_3\underset{\underset{\text{CH}_3}{|}}{\text{C}}HC\equiv CH$ D.

4. 相对构型标记法采用的标准化合物是( )。

A. 乳酸   B. 酒石酸   C. 甘油醛   D. 丙二烯

5. 水杨酸的结构是( )。

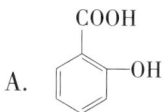

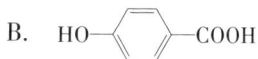

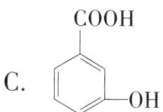

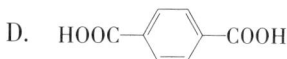

A.   (邻-COOH, OH)   B. $HO-$(苯环)$-COOH$

C.   (间-COOH, OH)   D. $HOOC-$(苯环)$-COOH$

6. 下列化合物中，具有芳香性的是( )。

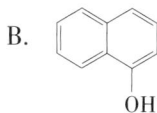

A.   B.   C.   D.

7. 下列化合物具有 sp 杂化碳原子的为( )。

A. 丙烯   B. 环丙烯   C. 丙二烯   D. 丁二烯

8. 在通常条件下，能与 Br_2/CCl_4 发生反应的是( )。

A.   (苯-CHO)   B.   (环己烷)   C.   (苯)   D.   (甲基环己烯)

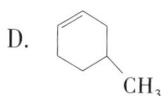

9. 能发生碘仿反应的是( )。

A.   (苯-CHO)   B. CH_3CHO C. $HCHO$ D. CH_3OH

10. 区分苯酚与苯胺所用的试剂是(　　　)。

A. Br_2/H_2O　　　　B. $FeCl_3$　　　　C. $KMnO_4$　　　　D. $NaOH/I_2$

11. 下列化合物具有芳香性的是(　　　)。

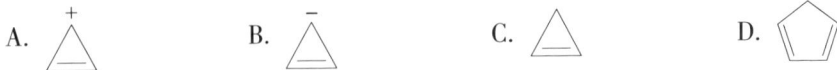

A. <img 三角形+>　　　　B. <img 三角形->　　　　C. <img 三角形>　　　　D. <img 五元环>

12. 具有 α-H 的酯在 RO^- 作用下生成 β-酮酸酯的反应称为(　　　)。

A. 霍夫曼反应　　　　B. 醇醛缩合反应　　　　C. 酯缩合　　　　D. 皂化反应

13. 康尼查罗反应是(　　　)。

A. 在浓碱条件下使无 α-H 的醛歧化

B. 在酸性条件下使醛还原为醇

C. 在中性条件下使芳香族羰基化合物还原为醇

D. 在碱性条件下使羰基还原为亚甲基

14. 下列化合物与 HNO_2 反应放出氮气的是(　　　)。

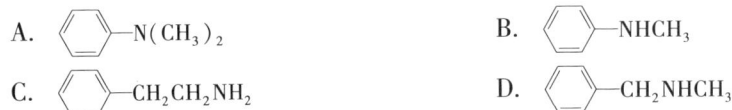

A. <img 苯环-N(CH₃)₂>　　　　B. <img 苯环-NHCH₃>

C. <img 苯环-CH₂CH₂NH₂>　　　　D. <img 苯环-CH₂NHCH₃>

15. 受热脱水生成交酯的羟基酸是(　　　)。

A. α-羟基酸　　　　B. β-羟基酸　　　　C. γ-羟基酸　　　　D. δ-羟基酸

16. 能与 RMgX 加成的化合物是(　　　)。

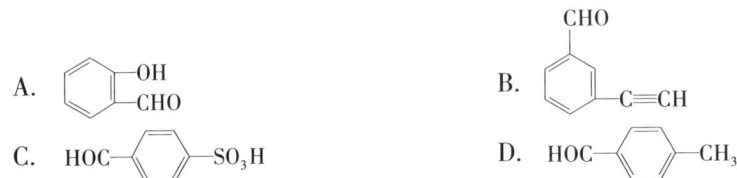

A. <img 苯环-OH,CHO>　　　　B. <img 苯环-CHO,C≡CH>

C. HOC—<img 苯环>—SO_3H　　　　D. HOC—<img 苯环>—CH_3

17. 扎依切夫规则用于判断(　　　)。

A. 芳香性　　　　B. 亲电加成取向　　　　C. 亲核加成取向　　　　D. 消除反应取向

18. 可与 D-甘露糖生成相同糖脎的是(　　　)。

A. D-果糖　　　　B. L-葡萄糖　　　　C. L-甘露糖　　　　D. D-核糖

19. $AgNO_3$ 的醇溶液可以鉴别下列哪组化合物(　　　)。

A. 伯仲叔醇　　　　B. 伯仲叔胺　　　　C. 伯仲叔卤代烃　　　　D. 葡萄糖和果糖

20. Lucas 试剂可以鉴别(　　　)。

A. 1-戊醇和 2-戊醇　　　　　　　　B. 1-溴丁烷和 1-碘丙烷

C. 麦芽糖和淀粉　　　　　　　　　　D. 1-丁胺和 2-丁胺

21. 下列化合物酸性最强的是(　　　)。

A. <img 苯环>—$COOH$　　B. <img 苯环>—OH　　C. CH_3OH　　D. H_2CO_3

22. 下列分子属于直线形的是(　　　)。

A. CH_3—CH_3　　　　B. $CH\equiv CH$　　　　C. $CH_3C\equiv CH$　　　　D. $CH_2\equiv CH_2$

23. 下列化合物能发生碘仿反应的是(　　　)。

A. α-甲基丙醛   B. 3-戊酮   C. 正丙醇   D. 乙醇

24. 可将醛酮还原为烷烃的试剂是( )。

A. Fe/HCl   B. $NaBH_4$ C. $LiAlH_4$ D. Zn-Hg/浓 HCl

25. 下列结构式中，不能稳定存在的是( )。

A. $HOCH_2CH_2OH$ B. CH_2=CHOH

C. $HOCH_2CH_2COOH$ D. CH_2=CHCH_2OH

二、填空题（10 分，每空 1 分）

1. 1,2-二氯乙烷的优势构象为_____。

2. 戊烷的 3 种异构体中沸点最低的是_____。

3. 不对称烯烃加卤化氢时，按_____规则加成。

4. $\begin{array}{c} CH=CH_2 \\ H \rule{0.8cm}{0.4pt} C_6H_5 \\ C_2H_5 \end{array}$ 中手性碳的构型为_____，$\begin{array}{c} COOH \\ H \rule{0.8cm}{0.4pt} OH \\ H \rule{0.8cm}{0.4pt} Cl \\ C_2H_5 \end{array}$ 中手性碳的构型为_____。

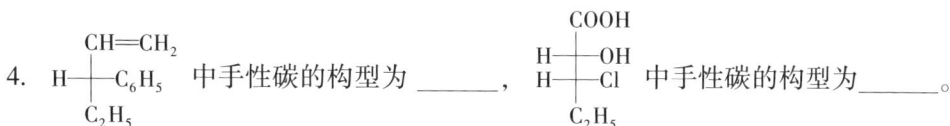

5. 在 S_N2 反应中存在的构型转化称为_____。

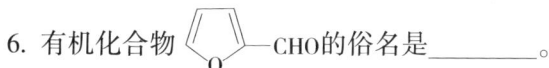

6. 有机化合物 (环)—CHO 的俗名是_____。

7. 不能与其镜像重叠的分子称为_____。

8. 环丙烷和丙烯可用_____鉴别。

9. 烷烃氯代反应的游离基历程包括_____。

三、排列顺序题（10 分，每小题 2 分）

1. 按酸性强弱次序排列_____。

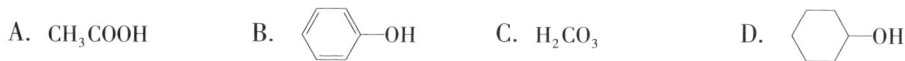

A. CH_3COOH B. (苯)—OH   C. H_2CO_3 D. (环己)—OH

2. 将下列化合物的沸点由高到低排列_____。

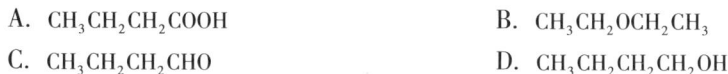

A. $CH_3CH_2CH_2COOH$ B. $CH_3CH_2OCH_2CH_3$

C. $CH_3CH_2CH_2CHO$ D. $CH_3CH_2CH_2CH_2OH$

3. 下列化合物进行硝代反应由难到易的顺序为_____。

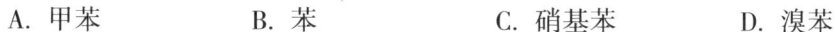

A. 甲苯   B. 苯   C. 硝基苯   D. 溴苯

4. 将下列化合物发生 S_N1 反应活性由强到弱排列_____。

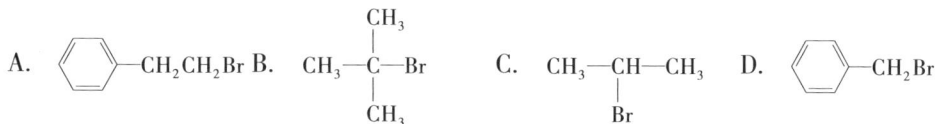

A. (苯)—CH_2CH_2Br B. $\begin{array}{c} CH_3 \\ CH_3-\overset{|}{\underset{|}{C}}-Br \\ CH_3 \end{array}$ C. $\begin{array}{c} CH_3-CH-CH_3 \\ \underset{Br}{|} \end{array}$ D. (苯)—CH_2Br

5. 下列羰基化合物与亲核试剂反应的活性由强到弱排序为_____。

A. CH_3COCH_3 B. HCHO   C. (环己酮)   D. (苯)—CHO

四、判断题（10 分，每小题 1 分）

1. 分子中含有手性碳原子，这个分子就一定具有手性。( )

2. 羧酸衍生物中只有酰胺能形成分子间氢键。（　　）

3. 可以用浓 H_2SO_4 鉴别乙醚和石油醚。（　　）

4. 谷氨酸是酸性氨基酸，等电点小于7。（　　）

5. 可以使用溴水来鉴别葡萄糖和果糖。（　　）

6. ⟨苯环⟩—Cl $\xrightarrow{AgNO_3/C_2H_5OH}$ ⟨苯环⟩—ONO_2 + AgCl↓（　　）

7. 杂环化合物都是芳香化合物。（　　）

8. $2CH_3CH_2CHO \xrightarrow{OH^-} CH_3CH_2\overset{\overset{\displaystyle OHCH_3}{|}}{C}HCHCHO$（　　）

9. 在 $CH_3CH=CH_2$ 中所有碳原子都是 sp^2 杂化。（　　）

10. 具有芳香性的杂环化合物的芳香性较苯差。（　　）

五、完成下列反应（15分，每空 1.5分）

1. ⟨苯环⟩ +（A）$\xrightarrow{(B)}$ ⟨苯环⟩—CH_3 $\xrightarrow[Cl_2]{(C)}$ ⟨苯环⟩—CH_2Cl $\xrightarrow{(D)}$ ⟨苯环⟩—CH_2OH

2. $CH_3-CH=CH_2 \xrightarrow{(A)} \overset{\overset{\displaystyle}{}}{CH_2}CH_2CH_3(Br) \xrightarrow{(B)} CH_2CH_2CH_3(OH) \xrightarrow{Cu/325℃}$（C）

3. $CH_3CH_2CH_2Br \xrightarrow[C_2H_5OH]{NaCN}$（A）$\xrightarrow[Ni]{H_2}$（B）$\xrightarrow{HCl}$（C）

六、推导结构（15分，每个答案 2.5分）

1. 化合物 A 的分子式为 $C_4H_8O_3$。A 具有光学活性，溶于水并且能与 $NaHCO_3$ 反应放出 CO_2。A 加热可得到分子式为 $C_4H_6O_2$ 的化合物 B，B 无光学活性，易溶于水，也能与 $NaHCO_3$ 反应，B 比 A 更易被氧化剂氧化。当 A 在酸性 $K_2Cr_2O_7$ 条件下加热，可得到化合物 C，分子式为 C_3H_6O，C 可发生碘仿反应。试推导 A、B、C 的结构。

2. 化合物 A 的分子式为 $C_8H_8O_2$，该化合物能与 $NaHCO_3$ 反应。A 在光照的条件下与等量的单质 Cl_2 反应，可得到分子式为 $C_8H_7ClO_2$ 的物质 B，B 具有光学活性。B 与 NaCN 反应可得到具有光学活性的物质 C，C 在酸性水溶液中加热得到的产物无光学活性。试推导 A、B、C 的结构。

七、合成题（15分，每小题 5分）

1. ⟨苯环，COOCH₃ 和 OH⟩ → ⟨苯环，COOH 和 OOCCH₃⟩

2. ⟨苯环⟩ → ⟨苯环，CH₂CH₂CH₃ 和 NO₂⟩

3. ⟨苯环⟩—CH_3 → ⟨苯环⟩—CH_2CH_2OH

本科生期末考试模拟试题四

(所有答案必须写在答题卡上，答在试卷上无效，考试结束后试卷及答题卡一并收回)

一、单项选择题(25 分，每小题 1 分)

1. 下列名称正确的是(　　)。

A. 2-正丙基己烷　　　　　　　　　　B. 3-甲基-1,3-戊二烯

C. 3-甲基-2-丁烯　　　　　　　　　　D. 2-甲基环庚烯

2. 下列化合物中，构成分子的原子全部处于同一平面上的是(　　)。

A. 乙烯　　　　B. 1,3-戊二烯　　　　C. 丙二烯　　　　D. 乙烷

3. 以下化合物构型为(2R, 3R)的是(　　)。

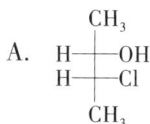　　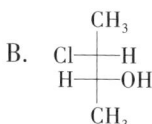　　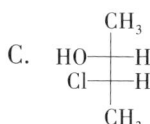　　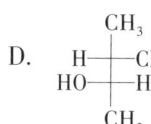

4. D(+)-葡萄糖与 D(+)-甘露糖的关系是(　　)。

A. 对映体　　　　B. 醛糖和酮糖　　　　C. C_2 差向异构体　　　　D. 互变异构体

5. 1,2-二溴乙烷的构象中最稳定的是(　　)。

A. 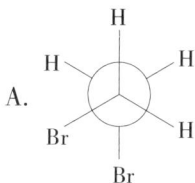　　B. 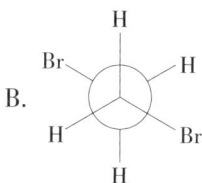　　C. 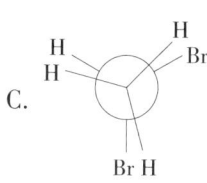　　D.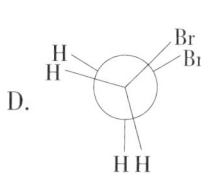

6. 下列哪种价键是有机化合物的主要价键(　　)。

A. 配位键　　　　B. 共价键　　　　C. 离子键　　　　D. 氢键

7. 可以用水蒸气蒸馏法加以分离的一组化合物是(　　)。

A. 　　B.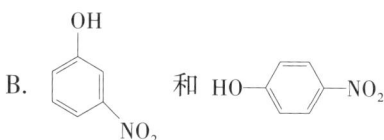

C. 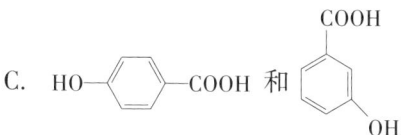　　D.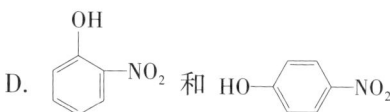

8. 下列化合物不具有芳香性的是(　　)。

A. 　　B. 　　C. 　　D.

9. 下列 4 个氯代烃最易发生 S_N1 反应的是(　　)。

A. $CH_3CH_2CH_2CH_2Cl$　　　　B. $(CH_3)_2CHCH_2Cl$

C.　$CH_3CH_2\underset{\underset{\displaystyle Cl}{|}}{CH}CH_3$

D.　$CH_3-\underset{\underset{\displaystyle CH_3}{|}}{\overset{\overset{\displaystyle CH_3}{|}}{C}}-Cl$

10. 卤代烃进行消除反应时，产物应遵循(　　　)。

A. 扎依切夫规则　　　B. 马氏规则　　　C. 休克尔规则　　　D. $4n+2$ 规则

11. 可鉴别 ⬡—OH 和 ⬡—OH 的试剂是(　　　)。

A. HBr　　　　　　B. $FeCl_3$　　　　　C. $NaHCO_3$　　　　D. HCl

12. 下列化合物中，既可以发生碘仿反应又能与 $NaHSO_3$ 发生亲核加成反应的是(　　　)。

A. 苯乙酮　　　　B. 苯甲醛　　　　C. 乙醛　　　　D. 丙醛

13. 下列化合物中，没有对映异构体的是(　　　)。

A.　$\underset{\underset{\displaystyle CH_3}{|}}{\overset{\overset{\displaystyle COOH}{|}}{H\text{——}OH}}$

B.　$\underset{\displaystyle H}{\overset{\displaystyle H_3C}{}}C=C\underset{\displaystyle CH_3}{\overset{\displaystyle H}{}}$

C.　⬠（CH₃ CH₃）

D.　联苯结构 （NO₂, HOOC, O₂N, COOH）

14. 以下化合物不能发生碘仿反应的是(　　　)。

A. CH_3CHO　　　B. $C_6H_5COCH_3$　　　C. $CH_3CH_2CH_2OH$　　　D. $(CH_3)_2CHOH$

15. 乙醇的沸点比相对分子质量相同的甲醚($-23.4℃$)的沸点高得多，是由于(　　　)。

A. 甲醚能与水形成氢键，乙醇不能　　　B. 乙醇能形成分子间氢键，甲醚不能

C. 甲醚能形成分子间氢键，乙醇不能　　　D. 乙醇能与水形成氢键，甲醚不能

16. 反应 $CH_3CH_2CH_2\underset{\underset{\displaystyle OH}{|}}{CH}C\equiv CH \longrightarrow CH_3CH_2CH_2\underset{\underset{\displaystyle OH}{|}}{CH}\overset{\overset{\displaystyle O}{\|}}{C}-CH_3$ 的催化剂是(　　　)。

A. Al_2O_3　　　B. H^+　　　C. HgO　　　D. $HgSO_4/H_2SO_4$

17. 下列各组化合物和苯肼反应能生成相同脎的是(　　　)。

A. 葡萄糖与半乳糖　B. 果糖与甘露糖　C. 乳糖与半乳糖　D. 蔗糖与麦芽糖

18. $CH_3CHBrCHClCH_3$ 的立体异构体有(　　　)。

A. 2 种　　　　　B. 3 种　　　　　C. 4 种　　　　　D. 5 种

19. 下列化合物中碱性最强的是(　　　)。

A. ⬡—NH_2　　　B. $[(CH_3)_4N^+]OH^-$　　　C. NH_2OH　　　D. $[(CH_3)_4N^+]Cl^-$

20. 下面 4 种化合物不能被 $KMnO_4$ 氧化的是(　　　)。

①△　②▱—$CH=CH_2$　③⬡—CH_2CH_3　④⬡—$C(CH_3)_3$

A. ①②　　　　　B. ②④　　　　　C. ②③　　　　　D. ①④

21. 经 O_3 氧化和还原水解所得产物是( )。

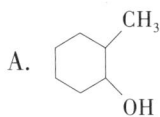

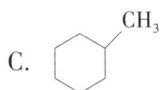

A.   B. $CH_3\overset{O}{\overset{\|}{C}}CH_2CH_2CH_2CH_2COOH$

C.   D. $CH_3\overset{O}{\overset{\|}{C}}CH_2CH_2CH_2CH_2CHO$

22. 在干燥 HCl 存在下，乙醇和丙酮发生的反应属于( )。
A. 缩醛反应　　　B. 羟醛缩合　　　C. 歧化反应　　　D. 康尼查罗反应

23. 反应中生成的金属炔化物可用( )分解。
A. NaOH　　　B. 稀 HNO_3　　　C. 加热　　　D. 光照

24. 与 的相互关系是( )。

A. 对映体　　　B. 非对映体　　　C. 构型异构体　　　D. 构造异构体

25. 在浓 NaOH 作用下能发生歧化反应的是( )。
A. 苯乙酮　　　B. 苯甲醛　　　C. 丙醛　　　D. 丙酮

二、填空题(15 分，每空 1 分)

1. 手性碳是指_____碳原子。

2. 在具有几何异构的烯烃分子中，Z 式异构体表示_____。

3. 打火机中的燃料是_____。

4. 1-溴丁烷的密度_____(大于，小于)1。

5. 可以用_____断裂醚键。

6. 分子 的化学名称是_____。

7. 含有 α-H 的醛酮在_____条件下可发生羟醛反应。

8. 缩二脲反应可以用来鉴别分子中具有_____结构的分子。

9. 酰胺在 Br_2 的 NaOH 溶液中，可发生_____反应。

10. 的亲电取代反应活性相当于_____。

11. 氨基酸在等电点时溶解度最_____。

12. 格氏试剂与醛酮反应是制备各种_____的常用方法。

13. 甲醇的俗名是_____。

14. $\xrightarrow[\text{二缩三乙二醇}]{NH_2H_2N,\ NaOH}$ _____。

15. _____ $\xrightarrow[\text{②Zn/H}_2\text{O}]{\text{①O}_3}$ 2CH$_3$COCH$_3$。

三、排列顺序题（10分，每小题2分）

1. 根据沸点由高至低排列_____。

A. 庚烷   B. 2-甲基己烷   C. 2,3-二甲基戊烷   D. 2-甲基庚烷

2. 按碱性由强到弱排列_____。

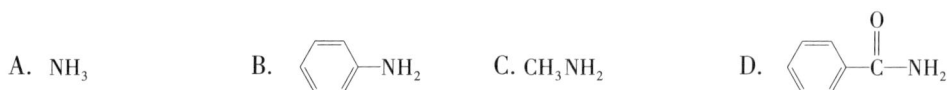

A. NH$_3$ B. ⬡—NH$_2$ C. CH$_3$NH$_2$ D.

3. 按水解活性由强到弱排列_____。

A. CH$_3$COCl   B. (CH$_3$CO)$_2$O   C. CH$_3$COOCH$_2$CH$_3$ D. CH$_3$CONH$_2$

4. 按硝化反应的活性强弱排列成序_____。

A. 苯   B. 苯酚   C. 溴苯   D. 苯磺酸

5. 按吸电子能力由强到弱排列_____。

A. —F   B. —C$_6$H$_5$ C. —Cl   D. —CH$_3$

四、判断题（10分，每小题1分）

1. D-葡萄糖与L-葡萄糖互为对映异构体。（　　　）

2. 甘氨酸是中性氨基酸，等电点是7。（　　　）

3. 酒石酸分子中含有2个手性碳原子，因此有4种旋光异构体。（　　　）

4. 在pH=6的溶液中，谷氨酸（pI=3.2）主要以偶极离子形式存在。（　　　）

5. 乙炔的酸性比乙烯的酸性强。（　　　）

6. 亲电取代反应只能发生在苯环上。（　　　）

7. C$_2$H$_5$ONa+CH$_3$I $\longrightarrow$ C$_2$H$_5$OCH$_3$+NaI（　　　）

8. 在亲电加成反应中，亲电试剂加到缺电子的碳原子上。（　　　）

9. 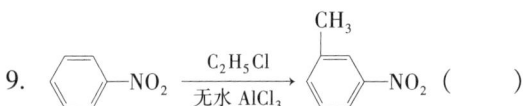 （　　　）

10. 含有 $\underset{\text{OH}}{\text{CH}_3\text{CH}}$— 结构的醇都能发生碘仿反应。（　　　）

五、完成下列反应（15分，每空1.5分）

1.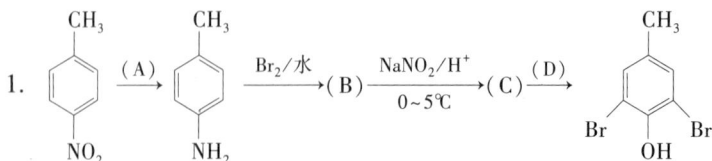

2. CH$_3$CHO $\xrightarrow{\text{KMnO}_4/\text{H}^+}$ (A) $\xrightarrow{\text{(B)}}$ CH$_3$COCl $\xrightarrow{\text{(C)}}$ CH$_3$CONH$_2$ $\xrightarrow{\text{(D)}}$ CH$_3$NH$_2$

3. HC≡CH $\xrightarrow[\text{HgSO}_4/\text{H}_2\text{SO}_4]{\text{H}_2\text{O}}$ (A) $\xrightarrow{\text{(B)}}$ $\underset{\text{OH}}{\text{CH}_3\text{CHCH}_2\text{CHO}}$

六、推导结构（15 分，每个答案 3 分）

1. 某化合物 A 的分子式为 $C_6H_{13}Cl$，与 $AgNO_3/C_2H_5OH$ 溶液作用，室温下放置一段时间可生成白色沉淀；与 $NaOH/C_2H_5OH$ 溶液作用又生成分子式为 C_6H_{12} 的主产物 B。B 经 $KMnO_4$ 氧化后可得到丁酮和乙酸；B 与 HCl 作用可到 A 的同分异构体 C，C 与 $AgNO_3/C_2H_5OH$ 溶液作用室温下即可生成白色沉淀。试推导 A、B、C 的结构。

2. 某化合物 A 的分子式是 $C_5H_{10}O$。A 具有旋光性，能与乙酸作用生成 $CH_3COOC_5H_9$。A 与酸性的 $KMnO_4$ 作用可产生分子式为 $C_4H_6O_3$ 的物质 B 和 CO_2。B 能发生碘仿反应，能使 $FeCl_3$ 显色，还能与 $NaHCO_3$ 反应放出 CO_2。试推导 A、B 的结构。

七、合成题（10 分，每小题 5 分）

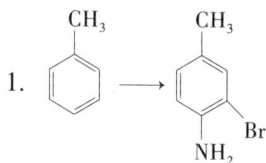

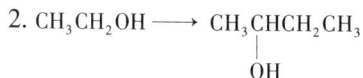

1.

2. $CH_3CH_2OH \longrightarrow CH_3CHCH_2CH_3$，（下有 OH）

本科生期末考试模拟试题五

(所有答案必须写在答题卡上，答在试卷上无效，考试结束后试卷及答题卡一并收回)

一、单项选择题(25 分，每小题 1 分)

1. 下列各名称正确的是(　　)。
   A. 2-叔丁基庚烷　　　　　　　　　　　B. 2-甲基-1,3-丁二烯
   C. 3-甲基-2-丁烯　　　　　　　　　　　D. 2-甲基环戊炔

2. 下列化合物中，具有重叠式构象的分子是(　　)。
   A. 乙烯　　　　　B. 苯　　　　　C. 丙二烯　　　　　D. 乙烷

3. 下列沸点最低的分子的是(　　)。
   A. ⬡-CHO　　　B. CH_3CH_2OH　　　C. HCHO　　　D. CH_3OH

4. 化合物 $CH_3CH=CHCH_2CH(OH)CH(OH)CH_3$ 的构型异构体数目是(　　)。
   A. 4 个　　　　　B. 8 个　　　　　C. 16 个　　　　　D. 32 个

5. 下列 1,2-二溴乙烷的构象最不稳定的是(　　)。

6. 下列化合物有顺反异构体的是(　　)。
   A. Cl-⬡-CH=CHCH_3　　　　　　B. ⬡-CH_2CH_3
   C. $CH_3CH=C(C_2H_5)_2$　　　　　　D. $(CH_3)_2C=C(CH_3)C_2H_5$

7. 下列化合物中能与 $FeCl_3$ 溶液反应显色的是(　　)。
   A. 苯甲醚　　　B. 邻甲苯酚　　　C. 2-环己烯醇　　　D. 苄醇

8. 蒸馏乙醚前应检验是否含有(　　)。
   A. H_2O　　　　B. Na_2SO_3　　　　C. 过氧化物　　　　D. $FeSO_4$

9. 下列 4 个氯代烃最易发生 S_N1 反应的是(　　)。
   A. $CH_3CH_2CH_2CH_2Cl$　　　　　　B. $(CH_3)_2CHCH_2Cl$
   C. $CH_3CH_2\underset{\underset{Cl}{|}}{C}HCH_3$　　　　　　D. $CH_3-\underset{\underset{CH_3}{|}}{\overset{\overset{CH_3}{|}}{C}}-Cl$

10. 一般条件下，最易于发生消除反应的卤代烃为(　　)。
    A. CH_3X　　　B. 一级卤代烃　　　C. 二级卤代烃　　　D. 三级卤代烃

11. 可鉴别 和 的试剂是( )。

A. HBr   B. $FeCl_3$ C. $NaHCO_3$ D. Br_2/H_2O

12. 在通常条件下，能与 Br_2/CCl_4 发生反应的是( )。

A.   B.   C.   D.

13. 下列含氮化合物中，碱性最弱的是( )。

A.   B.   C. $(CH_3)_3N$ D.

14. 以下化合物中能与过量的饱和 $NaHSO_3$ 溶液反应生成白色晶体的是( )。

A. CH_3CHO B. $C_6H_5COCH_3$

C. $CH_3CH_2COCH_2CH_3$ D. $(CH_3)_2CHOH$

15. 下列化合物碱性最弱的是( )。

A. 氨气   B. 苯胺   C. 乙胺   D. 吡啶

16. 反应 的催化剂是( )。

A. 无水 $AlCl_3$ B. Al_2O_3 C. HgO D. $HgSO_4/H_2SO_4$

17. 下列化合物在水中溶解度最大的是( )。

A. 甲乙醚   B. 丙醇   C. 甘油   D. 1,2-丙二醇

18. 下列化合物中，存在多少种立体异构体？( )

① 2-氯丁烷   ② 2,3-二氯丁烷   ③ 乳酸   ④ 2-丁醇

A. ① 有 2 种，② 有 3 种，③ 有 1 种，④ 有 2 种

B. ① 有 1 种，② 有 4 种，③ 有 2 种，④ 有 3 种

C. ① 有 2 种，② 有 4 种，③ 有 2 种，④ 有 4 种

D. ① 有 1 种，② 有 3 种，③ 有 1 种，④ 有 2 种

19. 下列化合物中酸性最强的是( )。

A. 苯酚   B. 碳酸   C. 苄醇   D. 苯甲酸

20. 下面 4 种化合物不能被 $KMnO_4$ 氧化的是( )。

A.   B.

C.   D.

21. 下列化合物加热条件下容易脱羧的是( )。

A. 丁酸   B. 乙二酸   C. 丁二酸   D. 戊二酸

22. 在酸性条件下，克莱门森还原法可以将羰基还原为( )。

A. 羟基   B. 醛基   C. 醚   D. 亚甲基

23. 下列化合物比苯更难进行亲电取代反应的是(　　)。

A. 乙酰苯胺　　　　B. 苯甲醚　　　　　C. 吡啶　　　　　　D. 噻吩

24. 可作乳化剂的是(　　)。

A. 胆固醇　　　　　B. 三十醇　　　　　C. 卵磷脂　　　　　D. 甘油三酯

25. 吡啶和吡咯分子中的 2 个 N 原子的情况是(　　)。

A. 2 个 N 原子轨道都是 sp^3 杂化

B. 前者的 N 是 sp^2 杂化，后者的 N 是 sp^3 杂化

C. 2 个 N 原子在环中成键情况完全相同

D. 二者都是 sp^2 杂化，但吡啶中 N 原子的一个 sp^2 杂化轨道上有一对未共用电子对不成键

二、**填空题**(15 分，每空 1 分)

1. CH_3COHN— 是_____定位基。

2. 不具有立体异构体的 α-氨基酸是_____。

3. 分子 _____(具有，不具有)芳香性。

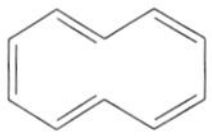

4. 各种不同结构的氯代烃可以选择_____进行鉴别。

5. HOOC—COOH 的俗名是_____。

6. 分子 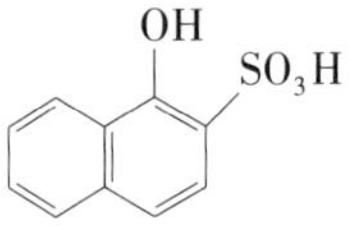 的化学名称是_____。

7. 胆胺的分子结构是_____。

8. 区别甲酸与乙酸的化学试剂是_____。

9. 乙酰乙酸乙酯的结构式是_____。

10. 在光照或加热的条件下，甲烷与 Cl_2 发生反应，最先断裂的价键是_____。

11. 在对烯炔分子进行命名时，当双键和三键同等编号时，应给_____键小编号。

12. 格氏试剂与酮反应可制备_____醇。

13. 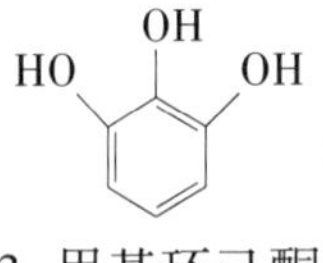 的俗名是_____。

14. 3-甲基环己酮的结构式是_____。

15. 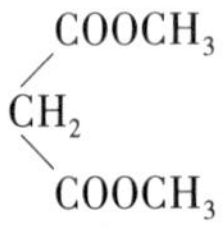 的名称是_____。

三、**排列题**(10 分，每小题 2 分)

1. 根据碱性由高至低排列_____。

A. 甲胺　　　　　B. 苯胺　　　　　　C. 氨　　　　　　D. 吡咯

2. 按亲核加成反应活性由强到弱排列_____。

A. CH_3CHO

B. CF_3CHO

C. CH_3COCH_3

D. $CH_3CH_2COCH_2CH_2CH_3$

3. 按氨解活性由强到弱排列_____。

A. CH_3COCl

B. $(CH_3CO)_2O$

C. $CH_3COOCH_2CH_3$

D. CH_3CONH_2

4. 按硝化反应的活性由强到弱排列_____。

A. 甲苯　　　　B. 苯酚　　　　C. 溴苯　　　　D. 苯乙酮

5. 按吸电子能力由大到小排列_____。

A. —F　　　　B. $-C_6H_5$　　　　C. —Br　　　　D. $-C_2H_5$

四、判断题(10 分，每小题 1 分)

1. $C_2H_5ONa+CH_3I \longrightarrow C_2H_5OCH_3+NaI$（　　）

2. 杂环化合物的电子云密度都比苯环高。（　　）

3. 烯醇式结构一般不稳定，但在有些情况下受分子中其他官能团的影响，烯醇式结构也可以成为主要结构，而互变异构的酮式结构只占少部分。（　　）

4. 只有端炔可以与 $Ag(NH_3)_2^+$ 溶液反应生成白色沉淀。（　　）

5. 水杨酸酸性比安息香酸酸性强。（　　）

6. 只有卤代烃可以发生亲核取代反应。（　　）

7. 所有的酚都和 $FeCl_3$ 反应生成蓝紫色的溶液。（　　）

8. 吡咯的碱性比吡啶强。（　　）

9. 味精可以发生水合茚三酮反应。（　　）

10. 油脂的酸值越大，说明油脂中游离脂肪酸的含量越高。（　　）

五、完成下列反应(15 分，每空 1.5 分)

1. $HC\equiv CH \xrightarrow{(A)} CH_3CHO \xrightarrow[H^+]{Ag(NH_3)_2^+} (B) \xrightarrow[H^+]{C_2H_5OH} (C)$

2. ⬡—OH $\xrightarrow{(A)}$ ⬡—ONa $\xrightarrow{CH_3I} (B) \xrightarrow[(C)]{(CH_3CO)_2O}$ H_3CO—⬡—$COCH_3$

3. ⬡—CHO $+CH_3CHO \xrightarrow{(A)}$ ⬡—CH=CHCHO $\xrightarrow{LiAlH_4} (B)$

4. $\underset{CH_3}{CH_3CHCH_2COOH} \xrightarrow{SOCl_2} (A) \xrightarrow{NH_3} \underset{CH_3}{CH_3CHCH_2}\overset{O}{C}—NH_2 \xrightarrow{(B)} \underset{CH_3}{CH_3CHCH_2NH_2}$

六、推导结构(共 15 分，每个答案 3 分)

1. 分子式为 C_6H_{10} 的物质 A、B、C 都能使溴水褪色，经催化加氢后都能得到相同产物正己烷。A 可与 $AgNO_3$ 的氨溶液作用生产白色沉淀，B、C 不能。B 经 O_3 氧化再还原水解能得到 CH_3CHO 和 OHC—CHO。C 与 $HgSO_4$ 的稀 H_2SO_4 水溶液反应只能得到一种产物。推导 A、B、C 的结构。

2. 化合物 A 和 B 的分子式都是 $C_4H_6O_3$，二者均无光学活性，都能与 $NaHCO_3$ 反应放出 CO_2。A 可与羟胺作用，还可发生银镜反应。B 能使 $FeCl_3$ 发生显色反应，B 经过催化加氢后产物具有光学活性。试推导 A、B 的结构。

七、合成题（10 分，每小题 5 分）

1. $CH_2\!=\!CH\!-\!CHO \longrightarrow \underset{OH}{CH_2}\!-\!\underset{OH}{CH}\!-\!CHO$

2. 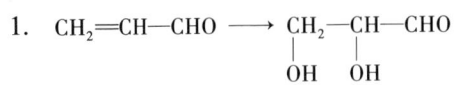 →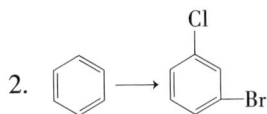

硕士研究生入学考试模拟试题

硕士研究生入学考试模拟试题一

考试科目：化学(农)(有机化学部分)

分　　值：75 分

适用专业：各相关专业

注意：答案必须写在答题卡上，写在试卷上无效。

一、命名或写出结构式（10 分，每小题 1 分，有立体构型者需要标出）

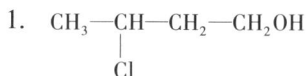

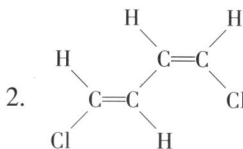

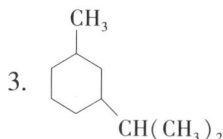

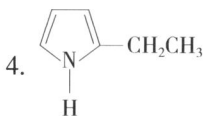

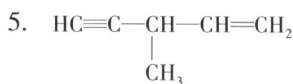

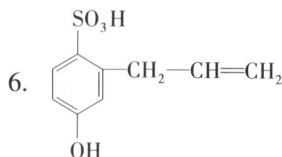

1. $CH_3—CH—CH_2—CH_2OH$
　　　　　|
　　　　Cl

2.

3.

4.

5. $HC≡C—CH—CH=CH_2$
　　　　　　|
　　　　　CH_3

6.

7. 肉桂醛　　8. 萘烷　　9. D(−)−果糖(链状结构)　　10. 安息香酸钠

二、填空题（15 分，每空 1 分）

1. 草酸的结构式为_____，_____(具有，不具有)还原性。

2. 糠醛与 α−萘酚的反应称_____反应，反应现象是_____。

3. 班乃狄可试剂包括_____、_____、_____。

4. 在烷烃的卤代反应中，Cl_2 的选择性比 Br_2 的选择性_____，原因是_____。

5. 1,3−丁二烯与单质 Br_2 的加成在较高温度下，反应时间较长，主要生成_____产物。

6. 化合物 的名称是_____，_____(是，不是)非苯芳烃。

7. 在苯环的傅克烷基化反应中，长的直的侧链不易引入的原因是_____。

8. 如果一个内消旋体含有两个手性碳，这两个手性碳的构型一定是_____。

9. 环己六醇的俗名是_____。

三、单项选择题（15 分，每小题 1 分）

1. 下列化合物中含有 sp^2 杂化碳原子的是(　　　)。

A. $CH_3CH_2CH_3$　　　　B. △　　　　C. CH_3COCH_3　　　　D. $HC≡C—CH_3$

2. 下列化合物中碱性最强的是(　　　)。

A. NaOH　　　　　　B. 甲醇钠　　　　　　C. 叔丁醇钠　　　　D. 苯酚钠

3. 环烷烃中环上的碳原子是以(　　　)成键的。

A. sp^2 杂化轨道　　B. s 轨道　　　　　　C. p 轨道　　　　　　D. sp^3 杂化轨道

4. 下列化合物中，没有芳香性的是(　　　)。

A. 环辛四烯　　　　　B. 呋喃　　　　　C. 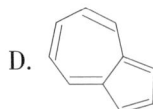　　　　　D.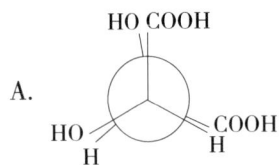

5. 下列构象中，(　　　)是内消旋酒石酸最稳定的构象。

A.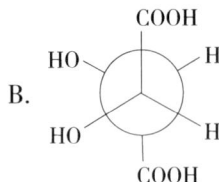

B.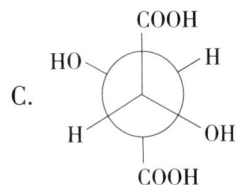

C.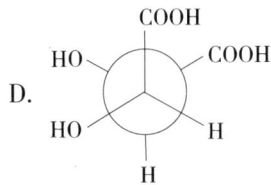

D.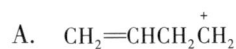

6. 下列碳正离子，最稳定的是(　　　)。

A. $CH_2{=}CHCH_2\overset{+}{C}H_2$

B. $CH_2{=}CH\overset{+}{C}HCH_3$

C.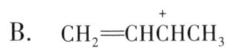

D. $(CH_3)_3\overset{+}{C}$

7. 下列溶剂中极性最强的是(　　　)。

A. 乙醚　　　　　　　B. 二硫化碳　　　　　C. 苯　　　　　　　　D. 乙醇

8. 在农业上常用稀释的福尔马林溶液浸种消毒，该溶液中含有(　　　)。

A. 甲醚　　　　　　　B. 甲醇　　　　　　　C. 甲醛　　　　　　　D. 甲酸

9. 下列化合物具有酸性的是(　　　)。

A. 1-丁烯　　　　　　B. 丁烷　　　　　　　C. 环丁烯　　　　　　D. 1-丁炔

10. 下列化合物中能与托伦试剂发生银镜反应的是(　　　)。

A. CH_3OCH_3　　　B. $HCOOH$　　　　C. $CH_3CH_2COCH_3$　　D. CH_3COOH

11. 下列溶剂中，最易溶解离子型化合物的是(　　　)。

A. 庚烷　　　　　　　B. 石油醚　　　　　　C. 水　　　　　　　　D. 苯

12. 下列化合物无对映异构体的是(　　　)。

A.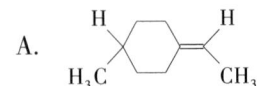

B. $H_3C{-}CH{=}C{=}CH{-}CH_3$

C. $H_5C_6CH=C=CHC_6H_5$

D.
$$
\begin{array}{c}
CH_3 \\
H \!-\!\!-\! OH \\
H \!-\!\!-\! OH \\
CH_3
\end{array}
$$

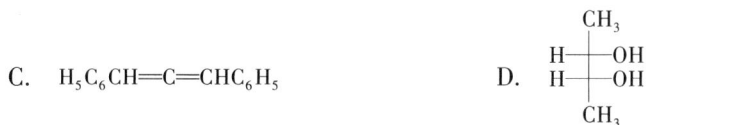

13. 下列化合物最容易与 HCN 发生亲核加成反应的是(　　)。

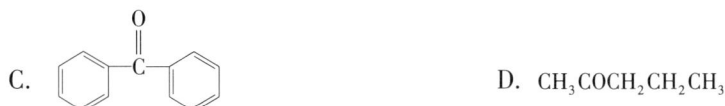

A.

B. COCH_3

C.

D. $CH_3COCH_2CH_2CH_3$

14. 某纯(−)-化合物 A 的 $[\alpha]_D^{25}=-3.8°$,若将 A 的(+)-化合物与 A 的(−)-化合物以物质的量 3:1 混合后,所得混合物的旋光度为(　　)。

A. 0° 　　　　 B. +7.6° 　　　　 C. +3.8° 　　　　 D. −3.8°

15. 醛、酮分子中羰基碳、氧原子的杂化状态是(　　)。

A. sp 　　　　 B. sp^2 　　　　 C. sp^3 　　　　 D. sp^2 和 sp^3

四、排列顺序题(10 分,每小题 2 分)

1. 将下列化合物发生 S_N2 反应活性由强到弱排列_____。

A. —CH_2CH_2Br

B. CH_3Br

C. CH_3CH_2Br

D. —CH_2CH_2Br

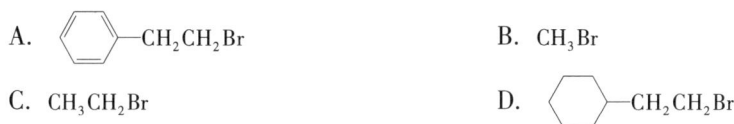

2. 将下列化合物的酸性由强到弱排序_____。

A. HOOCCOOH　　B. CH_3COOH　　C. HCOOH　　　　D. $ClCH_2COOH$

3. 将下列化合物进行硝代反应由难到易排列_____。

A. 甲苯　　　　 B. 苯甲醚　　　　 C. 硝基苯　　　　 D. 苯磺酸

4. 将下列化合物的熔点由高到低排列_____。

A. 环己烷　　　 B. 金刚烷　　　　 C. 环庚烷　　　　 D. 庚烷

5. 将下列羰基化合物与亲核试剂反应的活性由强到弱排序_____。

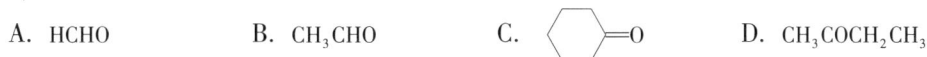

A. HCHO　　　　B. CH_3CHO　　　C. =O　　D. $CH_3COCH_2CH_3$

五、完成下列反应(10 分,每空 1 分)

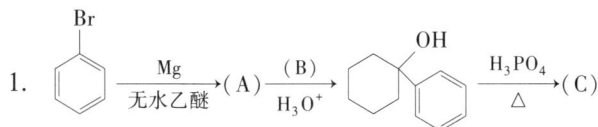

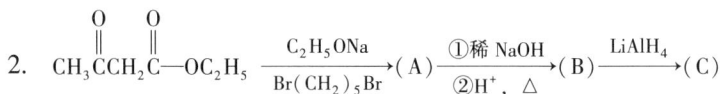

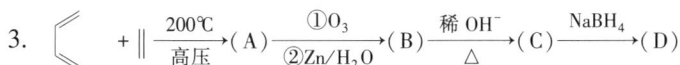

1.

2.

3.

六、推导结构(8 分,每个答案 2 分)

1. 某化合物 A 的分子式为 $C_6H_{12}O$。室温下 A 能与 $ZnCl_2$ 的 HCl 溶液迅速反应出现浑浊并分层。A 具有光学活性，经催化加氢后得到不具有旋光性的物质 B。推导 A、B 的结构。

2. D–型丁糖 A 和 B 都能使溴水褪色；与苯肼作用能得到相同的糖脎；经 HNO₃ 氧化后，A 生成无旋光性的二酸，B 生成有旋光性的二酸。试推导 A、B 的结构（用 Fischer 投影式写出）。

七、合成题(7 分，无机试剂任选)

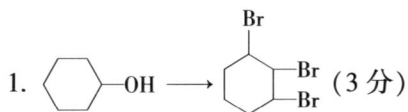

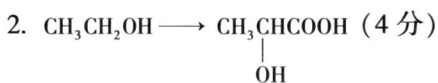

1. 环己醇—OH ⟶ 三溴代环己烷 (3 分)

2. $CH_3CH_2OH \longrightarrow CH_3CHCOOH$ (4 分)
   $\qquad\qquad\qquad\qquad \underset{OH}{|}$

硕士研究生入学考试模拟试题二

考试科目：化学(农)(<u>有机化学</u>部分)

分　　值：<u>110</u>分

适用专业：各相关专业

注意：答案必须写在答题卡上，写在试卷上无效。

一、命名或写出结构式(15分，每小题1分，有立体构型者需要标出)

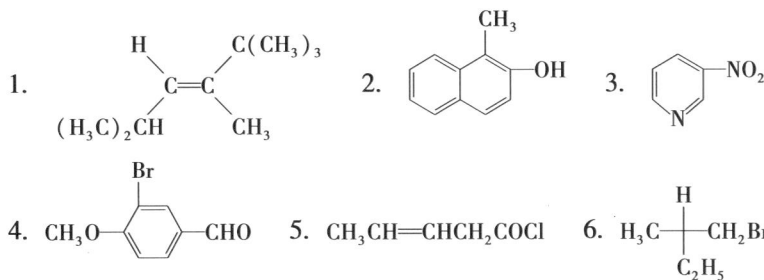

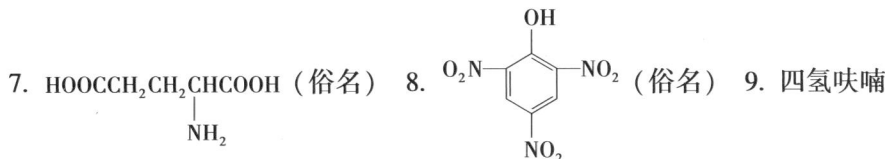

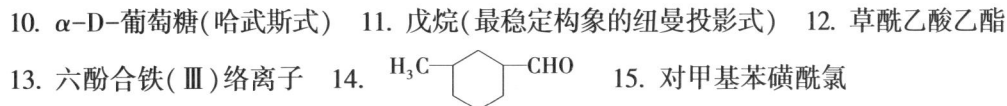

1. $(H_3C)_2CH-C(H)=C(C(CH_3)_3)(CH_3)$

2. 1-甲基-2-萘酚结构（CH_3，OH）

3. 3-硝基吡啶结构（NO_2，N）

4. CH_3O-苯环$-CHO$（带Br）

5. $CH_3CH=CHCH_2COCl$

6. $H_3C-C(H)(C_2H_5)-CH_2Br$

7. $HOOCCH_2CH_2CHCOOH$（NH_2）（俗名）

8. O_2N-苯酚$-(NO_2)_2$（OH，NO_2）（俗名）

9. 四氢呋喃

10. α-D-葡萄糖(哈武斯式)　11. 戊烷(最稳定构象的纽曼投影式)　12. 草酰乙酸乙酯

13. 六酚合铁(Ⅲ)络离子　14. H_3C-环己烷$-CHO$　15. 对甲基苯磺酰氯

二、填空题(15分，每空1分)

1. 有机分子中常见的共轭体系类型有_____、_____、_____。

2. 用_____反应鉴别伯、仲、叔胺。

3. 天然油脂是高级脂肪酸与_____所形成的酯。

4. $CH_3CHCH_2CH_3$ 的名称是_____。

5. 共轭二烯烃与其他含有双键的分子的成环反应称_____。

6. 在具有几何异构的烯烃分子中，E式异构体表示_____。

7. 可以用_____鉴别乙烯和乙炔。

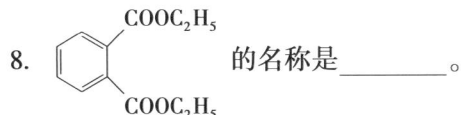

8. 邻苯二甲酸二乙酯结构（$COOC_2H_5$，$COOC_2H_5$）的名称是_____。

9. —NO_2 的致钝能力比 —$COOH$ 的致钝能力_____。

10. 用_____可以鉴别6个碳以内的伯仲叔醇。

11. 当最小基团处于 Fischer 投影式的竖键上，其他3个原子或基团从大到小排列为顺时针结构，则该分子的构型为_____。

12. 酒石酸有_____旋光异构体，_____立体异构体。

三、单项选择题（25分，每小题1分）

1. 呋喃的亲电取代反应活性相当于(   )。
A. 硝基苯　　　　B. 苯酚　　　　C. 氯苯　　　　D. 苯磺酸

2. 不含有α-H的醛在碱性条件下发生的自身歧化反应称为(   )。
A. 羟醛缩合反应　B. 克莱门森还原　C. 康尼查罗反应　D. 聚合反应

3. 能与斐林试剂反应的是(   )。
A. 丙酮　　　　　B. 苯乙酮　　　　C. 苯甲醛　　　　D. 2-甲基丙醛

4. 化合物具有手性的主要判断依据是分子中不具有(   )。
A. 对称轴　　　　　　　　　　B. 对称面
C. 对称中心　　　　　　　　　D. 对称面和对称中心

5. 下列化合物中没有立体异构现象的是(   )。
A. 酒石酸　　　B. 甘油醛　　　C. 乳酸　　　　D. 安息香酸

6. 下列哪一个化合物与强酸、强碱和强氧化剂等都不发生化学反应(   )。
A. 己烷　　　　B. 己烯　　　　C. 环己烯　　　D. 乙苯

7. 在有机合成反应中，常用来保护醛基的反应是(   )。
A. 康尼查罗反应　B. 羟醛缩合反应　C. 缩醛反应　　D. 酯缩合反应

8. 在下列基团中，按顺序规则最优先的基团是(   )。
A. —CH_3　　　B. —COOH　　　C. —SO_3H　　　D. —CCl_3

9. 合成格氏试剂时，一般在下列哪种溶剂中反应(   )。
A. 醚　　　　　B. 醇　　　　　C. 苯　　　　　D. 石油醚

10. 甲醇比乙烷的沸点高，主要是由于甲醇(   )。
A. 相对分子质量大　B. 有氢键　　C. 水溶性强　　D. 有极性

11. 乙烯醇和乙醛属于(   )。
A. 官能团位置异构　B. 碳链异构　　C. 互变异构　　D. 官能团结构异构

12. 下列化合物中，(   )不能用来除去乙醚中的过氧化物。
A. $FeSO_4$　　　B. Na_2SO_3　　　C. KI　　　　D. H_2O_2

13. 下列化合物不能在I_2的NaOH溶液中反应生成浅黄色沉淀的是(   )。
A. $C_6H_5COCH_3$　　B. C_2H_5OH　　C. $(CH_3)_3COH$　　D. $CH_3COCH_2CH_3$

14. 下列化合物中，具有芳香性的是(   )。
A. 　　B. 　　C. 　　D.

15. 下列有机物不能使酸性$KMnO_4$溶液褪色的是(   )。
A. 甲苯　　　　B. 环丙烷　　　C. 丙烯　　　　D. 丙炔

16. 苯的同系物C_8H_{10}，在铁粉的催化作用下，与单质Br_2反应，只能生成一种一溴代物的是(   )。

A.   B.   C.   D.

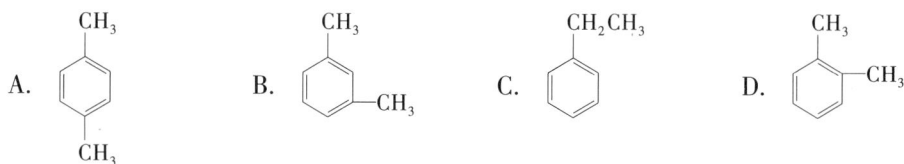

17. 下列化合物酸性最强的是(   )。

A. 乙酸   B. 苯甲酸   C. 碳酸   D. 苯酚

18. 以下化合物不能生成格氏试剂的是(   )。

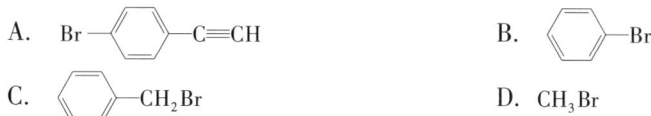

A.   B.

C.   D. CH_3Br

19. 下列化合物既能发生碘仿反应，又能与 $NaHSO_3$ 发生反应的是(   )。

A. CH_3CH_2OH B. CH_3COCH_3 C. C_6H_5CHO D. $C_6H_5COCH_3$

20. 威廉森合成可以用来合成(   )。

A. 羧酸   B. 混合醚   C. 卤代烃   D. 胺

21. 下列化合物最容易发生硝化反应的是(   )。

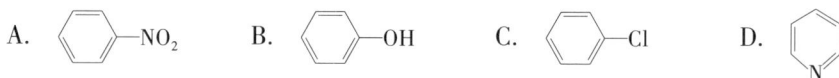

A.   B.   C.   D.

22. 下列化合物中，最活泼的酰化剂是(   )。

A. 乙酸乙酯   B. 苯甲酰氯   C. 丁二酸酐   D. 乙酰胺

23. 下列化合物中不能与 $FeCl_3$ 溶液显色的是(   )。

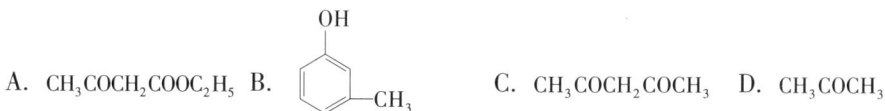

A. $CH_3COCH_2COOC_2H_5$ B.   C. $CH_3COCH_2COCH_3$ D. CH_3COCH_3

24. 甲胺的空间结构是(   )。

A. 四面体   B. 平面结构   C. 三角锥形   D. 正四面体

25. 下列化合物在室温下能使溴水褪色的是(   )。

A.   B.   C.   D.

四、排列顺序题(10分，每小题2分)

1. 将下列化合物按酸性从强到弱排列_____。

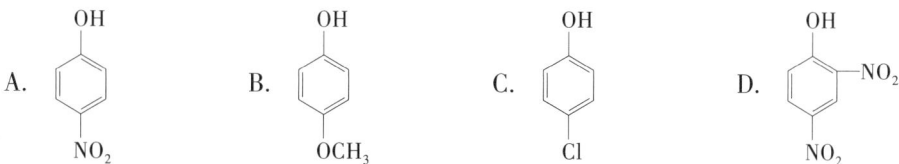

A.   B.   C.   D.

2. 将下列化合物的沸点由高到低排列_____。

A. CH_3COOH B. CH_3OCH_3

C. CH_3CHO D. CH_3CH_2OH

3. 将下列化合物的碱性由强到弱排序_____。

A. $CH_3CH_2CH_2CH_2NH_2$

B. $CH_3\underset{\underset{OH}{|}}{C}HCH_2CH_2NH_2$

C. $CH_3CH_2\underset{\underset{Cl}{|}}{C}HCH_2NH_2$

D. $CH_3CH_2\underset{\underset{OH}{|}}{C}HCH_2NH_2$

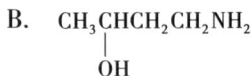

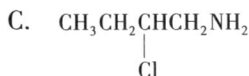

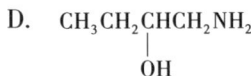

4. 按分子内脱水反应相对活性由强到弱排列_____。

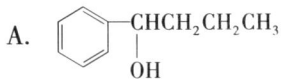

A. $\underset{\underset{OH}{|}}{\text{（苯基）}CHCH_2CH_2CH_3}$

B. $(CH_3)_3COH$

C. $CH_3CH_2CH_2CH_2OH$

D. $(CH_3)_2CHOH$

5. 按亲核加成反应活性由强到弱排列_____。

A. CH_3CHO

B. $CH_3COCH=CH_2$

C. CF_3CHO

D. $CH_3CH=CHCHO$

五、判断题（10 分，每小题 1 分）

1. 酰胺分子接近中性，是因为氨基中 N 原子上的孤对电子与羰基共轭，降低了碱性。（　　）

2. 羧酸可以形成分子间氢键，而醛或酮不能。（　　）

3. 苯酚和苯胺都能和重氮盐发生偶联反应。（　　）

4. 含氮的化合物都具有碱性。（　　）

5. 肽具有二级结构。（　　）

6. 含 40% 甲醛的水溶液称福尔马林。（　　）

7. 卤代烃进行 S_N2 反应时，一定发生瓦尔登翻转。（　　）

8. 共轭效应存在于所有不饱和化合物中。（　　）

9. 天然油脂都是 D 型的。（　　）

10. 无旋光性的化合物也可能有手性碳原子。（　　）

六、完成下列反应（10 分，每空 1 分）

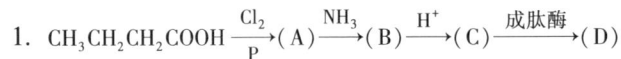

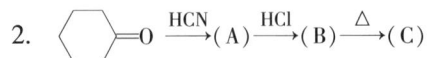

1. $CH_3CH_2CH_2COOH \xrightarrow{Cl_2/P} (A) \xrightarrow{NH_3} (B) \xrightarrow{H^+} (C) \xrightarrow{\text{成肽酶}} (D)$

2. （环己酮）$=O \xrightarrow{HCN} (A) \xrightarrow{HCl} (B) \xrightarrow{\triangle} (C)$

3. （苯基）$CHO + CH_3CHO \xrightarrow[\triangle]{\text{稀 } OH^-} (A) \xrightarrow{KMnO_4/H^+} (B) + (C)$

七、推导结构（10 分，每个答案 2 分）

1. 某化合物 A 的分子式为 $C_5H_{12}O$，经氧化后可得到分子式为 $C_5H_{10}O$ 的化合物 B。B 能与饱和的 $NaHSO_3$ 溶液反应得到白色结晶，还能发生碘仿反应。A 与浓 H_2SO_4 共热后的产物用 O_3 氧化再还原水解后可得到 2 种物质，这 2 种物质均能发生银镜反应。试推导 A、B 的结构。

2. 3 个化合物 A、B、C 的分子式均为 $C_4H_6O_4$，都不能与苯肼作用生成脎。A 和 B 可与 $NaHCO_3$ 反应放出气体，C 不可以。加热化合物 A 可得 $C_3H_6O_2$，加热化合物 B 可得 $C_4H_4O_3$。C 与 NaOH 溶液共热后得到 2 种产物，将二者酸化后用 $KMnO_4$ 氧化均可得

到 CO_2。推导 A、B、C 的结构。

八、合成题（15 分，每小题 5 分，无机试剂任选）

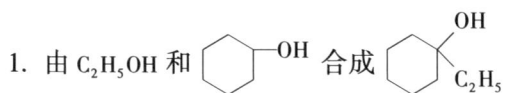

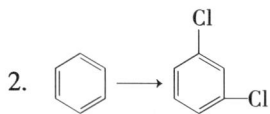

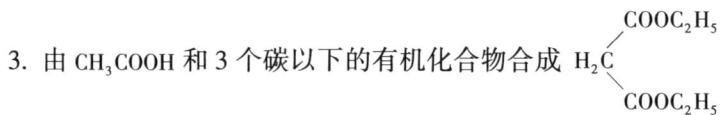

1. 由 C_2H_5OH 和 合成

2.

3. 由 CH_3COOH 和 3 个碳以下的有机化合物合成

硕士研究生入学考试模拟试题三

考试科目：化学(农)(有机化学部分)

分　　值：110 分

适用专业：各相关专业

注意：答案必须写在答题卡上，写在试卷上无效。

一、命名或写出结构式(15 分，每小题 1 分，有立体构型者需要标出)

1. （结构式：苯环上 COOH、Cl、CH₃）　2. （结构式：H₃C 取代的内酯 O=O）　3. （结构式：H₃C 取代吡啶 SO₃H，含 N）

4. （结构式：H₃C 取代环己烷 COCH₃）　5. （结构式：糖类，CH₂OH、OH、HO、OH）　6. （结构式：苯基 C₂H₅、CH=CH₂、CH₃）

7. $HOCH_2CH_2OH$(俗名)　8. $HO-\underset{CH_2-COOH}{\overset{CH_2-COOH}{C}}-COOH$　(俗名)　9. 3-烯丙基环戊烯

10. 甲基丙烯酸甲酯　11. 1-氯丙烷(最稳定构象的纽曼投影式)　12. α-呋喃甲酸

13. D-甘露糖(链式结构)　14. 3-对羟基苯丙烯酸　15. 对羟基偶氮苯

二、填空题(15 分，每空 1 分)

1. 外消旋体是_____(纯净物，混合物)，具有_____(固定，不固定)熔点。

2. 各种不同结构的氯代烃可以选择_____进行鉴别。

3. 1-溴丁烷的密度_____(大于，小于)1。

4. S_N1 表示的是_____。

5. 制备不对称醚(或称混合醚)最好的方法是_____。

6. 分子 $SOCl_2$ 的化学名称是_____，可与醇分子反应生成_____。

7. 碳碳双键上容易发生_____加成反应，碳氧双键上容易发生_____加成反应。

8. 可以用_____断裂醚键。

9. 含有 α-H 的醛酮在_____条件下可发生羟醛反应。

10. 可以用_____鉴别 （结构式：苯基 C(=O)CH₃） 和 （结构式：苯基 CH₂C(=O)CH₃）。

11. $HCOOH$ 的俗名是_____，$HOOCCOOH$ 的俗名是_____。

三、单项选择题(25 分，每小题 1 分)

1. 下列化合物不能发生傅克烷基化反应的是(　　　)。

A. 苯-CH₃
B. 苯-NO₂
C. 苯-C(CH₃)₃
D. 苯-Br

2. 以下含羟基的化合物，在常温下不能稳定存在的是( )。

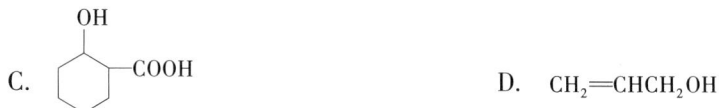

A. $HOCH_2CH_2OH$ 　　　　　　　　B. $CH_2{=}CHOH$

C. 　　　　　　　　D. $CH_2{=}CHCH_2OH$

3. 下列化合物中，哪种不能用来干燥乙醇( )。

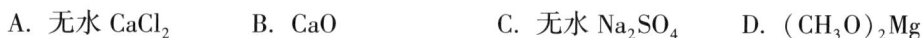

A. 无水 $CaCl_2$ 　　B. CaO 　　C. 无水 Na_2SO_4 　　D. $(CH_3O)_2Mg$

4. 下列化合物能发生银镜反应的是( )。

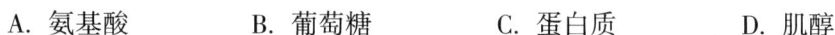

A. 氨基酸 　　　　B. 葡萄糖 　　　　C. 蛋白质 　　　　D. 肌醇

5. 下列化合物中发生亲电取代反应活性最弱的是( )。

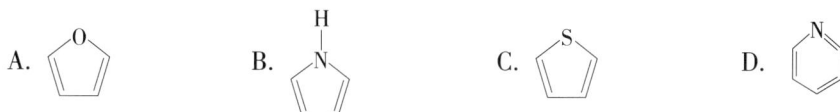

A. 　　B. 　　C. 　　D.

6. 乙烷分子中存在的构象数目有( )。

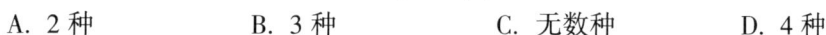

A. 2 种 　　　　B. 3 种 　　　　C. 无数种 　　　　D. 4 种

7. 康尼查罗反应(歧化反应)的条件是( )。

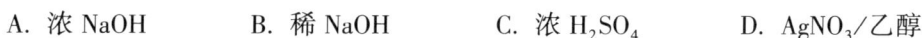

A. 浓 NaOH 　　B. 稀 NaOH 　　C. 浓 H_2SO_4 　　D. $AgNO_3$/乙醇

8. 以下结构具有 sp 杂化碳原子的是( )。

A. 　　　　　　　　B. $H_3CHC{=}C{=}CHCH_3$

C. 　　　　　　　　D.

9. 下列化合物碱性最强的是( )。

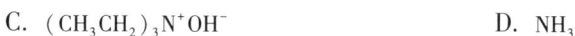

A. CH_3NH_2 　　　　　　　　B. 苯-NH₂

C. $(CH_3CH_2)_3N^+OH^-$ 　　　　　D. NH_3

10. 下列物质中酸性最强的是( )。

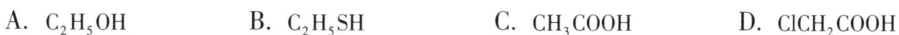

A. C_2H_5OH 　　B. C_2H_5SH 　　C. CH_3COOH 　　D. $ClCH_2COOH$

11. 下列化合物( )不具有芳香性。

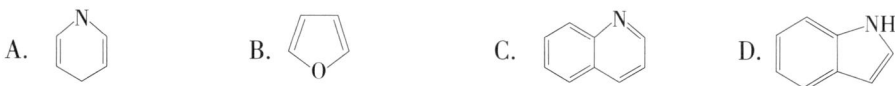

A. 　　B. 　　C. 　　D.

12. 下列化合物( )不是斐林试剂的组成部分。

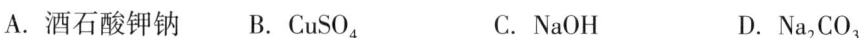

A. 酒石酸钾钠 　　B. $CuSO_4$ 　　C. NaOH 　　D. Na_2CO_3

13. 在等电点时，氨基酸在水溶液中( )。

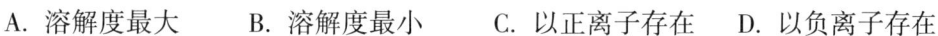

A. 溶解度最大 　　B. 溶解度最小 　　C. 以正离子存在 　　D. 以负离子存在

14. 下列化合物不能用 $NaBH_4$ 还原的是( )。

A. 丙醛 　　　　B. 丙酮 　　　　C. 丙烯 　　　　D. 苯甲醛

15. 色氨酸的等电点为 5.89，当其溶液的 pH＝9 时，它（ ）。

A. 以负离子形式存在，在电场中向正极移动

B. 以正离子形式存在，在电场中向阳极移动

C. 以负离子形式存在，在电场中向阴极移动

D. 以正离子形式存在，在电场中向负极移动

16. 下列化合物中具有变旋现象的是（ ）。

A. 蛋白质 　　B. 丙酮糖 　　C. 赖氨酸 　　D. 果糖

17. 天然氨基酸的构型是（ ）。

A. L 型 　　B. α 型 　　C. D 型 　　D. β 型

18. 在室温下，苯酚与稀 HNO_3 反应的主要产物是（ ）。

A. 邻硝基苯酚 　　　　　　B. 间硝基苯酚

C. 对硝基苯酚 　　　　　　D. 邻硝基苯酚和对硝基苯酚

19. ，该反应的反应机理是（ ）。

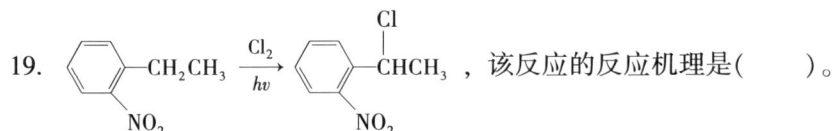

A. 亲电取代 　　B. 亲核取代 　　C. 自由基取代 　　D. 亲电加成

20. 下列基团中，能使苯环上亲电取代反应活性增强的是（ ）。

A. —CHO 　　B. —I 　　C. —OCH₃ 　　D. —COCH₃

21. 下列结构中最易发生亲核加成的是（ ）。

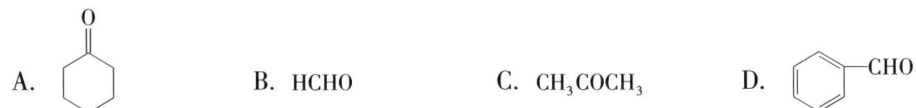

A. 　　B. HCHO 　　C. CH_3COCH_3 　　D.

22. 某一氨基酸的等电点为 5，在 pH＝7 的水溶液中进行电泳，该氨基酸分子（ ）。

A. 向正极移动 　　B. 不移动 　　C. 向负极移动 　　D. 产生沉淀

23. 下列碳水化合物中，能与 D-葡萄糖生成相同糖脎的是（ ）。

A. 蔗糖 　　B. D-甘露糖 　　C. D-核糖 　　D. 半乳糖

24. 具有 n 个不相同手性碳原子的化合物的旋光异构体的个数是（ ）。

A. n^n 　　B. n^2 　　C. 2^n 　　D. n

25. 下列化合物没有芳香性的是（ ）。

A. 萘 　　B. 邻苯二甲酸酐 　　C. 六氢吡啶 　　D. 薁

四、排列顺序题（10 分，每小题 2 分）

1. 将下列碳正离子的稳定性从强到弱排列_____。

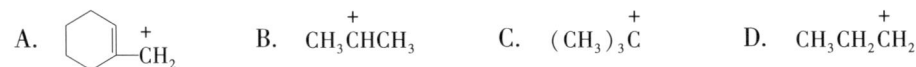

A. 　　B. $CH_3\overset{+}{C}HCH_3$ 　　C. $(CH_3)_3\overset{+}{C}$ 　　D. $CH_3CH_2\overset{+}{C}H_2$

2. 将下列化合物沸点由高到低的顺序排列_____。

A. 乙酸 　　B. 丙酮 　　C. 乙醇 　　D. 甲乙醚

3. 按顺序规则由大到小排列下列基团_____。

A. —Cl   B. —COOH   C. —CONH₂   D. —COCl

4. 下列化合物发生亲核加成反应活性由强到弱排列_____。

A. （2-甲基环己酮）   B. （CH₃）₂CHCHO

C. （苯基-CH₂CHO）   D. （环己基-CHO）

5. 下列化合物酸性由强到弱排列_____。

A. （苯-SO₃H）   B. HC≡CR

C. H₂CO₃   D. （苯-COOH）

五、判断题（10 分，每小题 1 分）

1. 等电点小于 7 的氨基酸水溶液呈酸性，调至等电点需要加适量的酸。（   ）

2. 可以用成脲反应鉴别葡萄糖和果糖。（   ）

3. 有机化合物中不可能有离子键。（   ）

4. 环己烷的椅式构象是优势构象，是因为椅式构象无角张力，而其他构象形式都具有角张力。（   ）

5. 在立体化学中，R 表示右旋，S 表示左旋。（   ）

6. 醇分子在浓 H_2SO_4 催化下分子内脱水的反应是亲核取代反应。（   ）

7. 羰基结构中含有不饱和价键，因此可以与进攻试剂发生亲电加成反应。（   ）

8. S_N1 历程中可能存在碳正离子重排。（   ）

9. 吡咯是环状仲胺，具有碱性。（   ）

10. 格氏试剂是强亲核试剂。（   ）

六、完成下列反应（10 分，每空 1 分）

1. $CH_3CH_2CH_2Br \xrightarrow{OH^-} (A) \xrightarrow{Cu/325℃} (B) \xrightarrow{稀 OH^-} (C) \xrightarrow[\triangle]{H^+} (D)$

2. （环己酮）$\xrightarrow{HCN} (A) \xrightarrow{LiAlH_4} (B) \xrightarrow[0\sim5℃]{NaNO_2+HCl} (C) \xrightarrow{-N_2} (D) \xrightarrow{重排} (E) \xrightarrow{-H^+} (F)$

七、推导结构（15 分，每个答案 3 分）

1. 有 3 种烃 A、B、C，分子式都是 C_5H_{10}。室温条件下 A、B 都能使 Br_2/CCl_4 溶液褪色，A 反应的产物是 $Br—CH_2—\underset{CH_3}{CH}—\underset{Br}{CH}—CH_3$，C 室温或加热条件下都不能与 Br_2/CCl_4 溶液反应，A 和 C 都不能使酸性 $KMnO_4$ 溶液褪色，B 与 $KMnO_4$ 反应后生成丙酮和乙酸。推导 A、B、C 的结构。

2. 分子式为 C_8H_8O 的两种化合物 A、B 都不与 Br_2/CCl_4 反应，其中 A 不与托伦试剂反应，B 可以；A 可发生碘仿反应，B 不可以；二者用 Zn-Hg/HCl 还原后可得到相同的产物。试推导 A、B 的结构。

八、合成题(10 分，每小题 5 分，无机试剂任选)

1.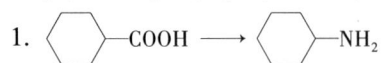

2.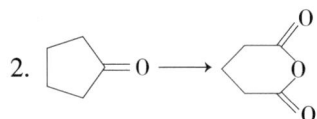

硕士研究生入学考试模拟试题四

考试科目：化学(理)(有机化学部分)

分　　值：75分

适用专业：各相关专业

注意：答案必须写在答题卡上，写在试卷上无效。

一、命名或写出结构式(10分，每小题1分，有立体构型者需要标出)

1. (structure: benzene ring with COOH, CH_2CH_3, NO_2 substituents)　2. (structure: cyclic compound with two O)　3. $H_2C=C-C\equiv C-CH_2-CH=CH$ with Br below second carbon and CH_3 below

4. (structure: cyclohexane ring with =N—OH)　5. (structure: cyclohexane ring with $=CH_2$)　6. THF　7. 2,4-二硝基苯肼

8. (*E*)-3-甲基-4-异丙基-3-庚烯　9. 1,3-环戊二烯-1-醇

10. 反-1-甲基-4-氯环己烷(最稳定构象)

二、单项选择题(15分，每小题1分)

1. 通常有机分子发生化学反应的主要位置是(　　)。

A. 氢键　　　　　　B. 共价键　　　　　　C. 官能团　　　　　　D. 离子键

2. 能被斐林试剂氧化的化合物是(　　)。

A. CH_3COCH_3　　　B. (benzene ring)—CHO　　　C. (cyclohexane ring)=O　　　D. (cyclohexane ring)—CHO

3. 构象异构属于(　　)。

A. 碳链异构　　　　B. 结构异构　　　　C. 立体异构　　　　D. 几何异构

4. 庚烷中含有的少量庚烯可以用下列哪种试剂除去(　　)。

A. H_2O　　　　　　B. 汽油　　　　　　C. 石油醚　　　　　　D. 浓 H_2SO_4

5. 下列化合物最容易与HCN发生亲核加成反应的是(　　)。

A. CF_3CHO　　　　　　　　　　　　B. (benzene ring)—$COCH_3$

C. $CH_3COCH_2CH_2CH_3$　　　　　　　D. $CH_3COCH=CHCH_3$

6. 下列哪一组糖生成的糖脎是相同的(　　)。

A. 乳糖，葡萄糖，果糖　　　　　　　B. 甘露糖，果糖，半乳糖

C. 麦芽糖，果糖，半乳糖　　　　　　D. 甘露糖，果糖，葡萄糖

7. 关于化合物具有芳香性的叙述正确的是(　　)。

A. 易加成难取代　　B. 含有苯环结构　　C. 具有芳香气味　　D. 易取代难加成

8. 下列化合物与格氏试剂反应后再在酸性条件下水解能生成伯醇的是(　　)。

A. CH_3CH_2CHO　　　　　　　　　　B. $CH_3-\overset{O}{\overset{\|}{C}}-CH_3$

C. 　　　　　　　　　　　D. $CH_2\!-\!CH_2$（环氧乙烷）

9. 下列化合物无对映异构体的是(　　　)。

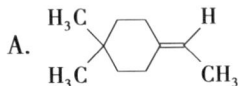

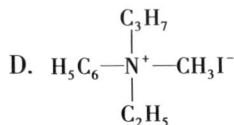

A. 　　　　　　　　　　B. $H_3C\!-\!CH\!=\!C\!=\!CH\!-\!CH_3$

C. $H_6C_5\!-\!CH\!=\!C\!=\!CH\!-\!C_6H_5$　　　　D.

10. 下列化合物与 Cu_2Cl_2 的氨水溶液反应生成砖红色沉淀的是(　　　)。

A. 丙醇　　　　　B. 1-丁炔　　　　　C. 1-丁烯　　　　　D. 2-丁炔

11. 格氏试剂不可以在下列哪种物质中制备(　　　)。

A. 无水乙醚　　　B. 无水四氢呋喃　　C. 乙醇　　　　　D. N_2

12. 从角张力看，下列环烷烃稳定性最差的是(　　　)。

A. 环丁烷　　　　B. 环己烷　　　　C. 环庚烷　　　　D. 环丙烷

13. 下列化合物不发生碘仿反应的是(　　　)。

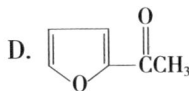

A. $C_6H_5COCH_3$　　　　　　　B. C_2H_5OH

C. $CH_3CH_2COCH_2CH_3$　　　　D.

14. 将含有 2 个手性碳原子的手性分子中的 1 个手性碳上的 2 个原子或基团互换位置，生成的结构与原来分子互为(　　　)。

A. 对映异构体　　B. 非对映异构体　　C. 互变异构体　　D. 构象异构体

15. 格氏试剂中含有下列哪种金属元素(　　　)。

A. Li　　　　　　B. Zn　　　　　　C. Mg　　　　　　D. Cu

三、排列顺序题(10分，每小题2分)

1. 将下列化合物按酸性由强到弱排列_____。

A. α-氯丙酸　　B. β-氯丙酸　　C. 二氯乙酸　　D. α-羟基丙酸

2. 下列酚氧负离子按亲核能力由强到弱排列_____。

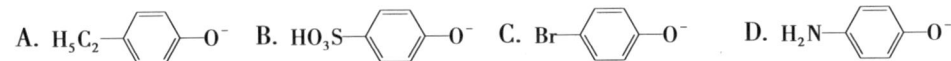

A. 　B. 　C. 　D.

3. 下列物质按酸性由强到弱排序_____。

A. C_2H_5OH　　　B. C_2H_5SH　　　C. CH_3COOH　　　D. $HOCH_2COOH$

4. 下列羰基化合物发生亲核加成反应的活性由强到弱排列_____。

A. CH_3CHO　　　B. CH_3COCH_3　　　C. 　　　D. $RCOCH_3$

本科生期末考试课堂预测试题一(工科适用)

(所有答案必须写在答题卡上,答在试卷上无效,考试结束后试卷及答题卡一并收回)

一、单项选择题(25 分,每小题 1 分)

1. 下列名称正确的是( )。

A. 2-甲基-2-乙基丁烷　　　　　　　　B. 2, 2-二甲基-3-戊烯

C. 2, 2-二甲基环丁烯　　　　　　　　D. 2-甲基-1, 3-环戊二烯

2. 下列化合物不具有芳香性的是( )。

A. 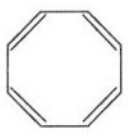 　　　B. 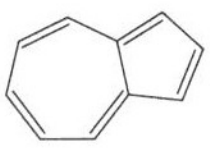 　　　C. 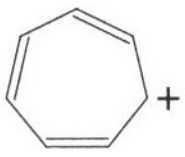 　　　D.

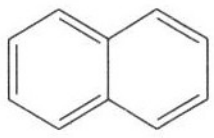

3. 能与 $AgNO_3$ 的醇溶液反应生成沉淀的是( )。

A. 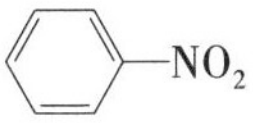 　　B. 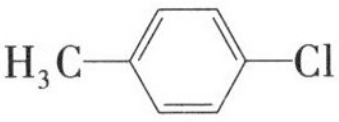 　　C. $CH_3CH=CHCH_2Cl$　　D. $CH_3CH=CHCl$

4. 下列化合物有旋光性的是( )。

A. 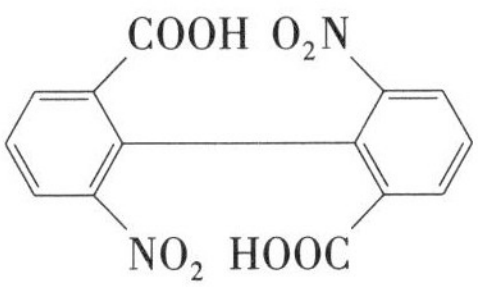 　　　　　　　　B. $H_2C=C=CH_2$

C. $CH_3CH=C=CH_2$　　　　　　　　D. $CH_3CH=C=C(CH_3)_2$

5. 化合物 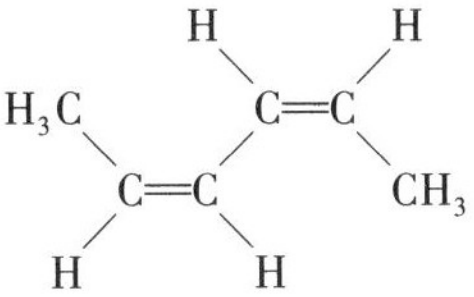 的系统名称为( )。

A. $(2Z, 4Z)$-2, 4-己二烯　　　　　　B. $(2Z, 4E)$-2, 4-己二烯

C. $(2E, 4Z)$-2, 4-己二烯　　　　　　D. $(2E, 4E)$-2, 4-己二烯

6. 下列化合物不具有芳香性的是( )。

A. 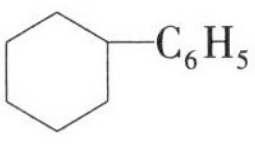 　　　B. 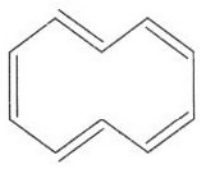 　　　C. 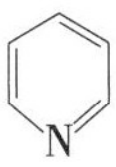 　　　D.

7. 1, 2-二甲基环己烷的构象稳定性由大到小的次序为( )。

(1) 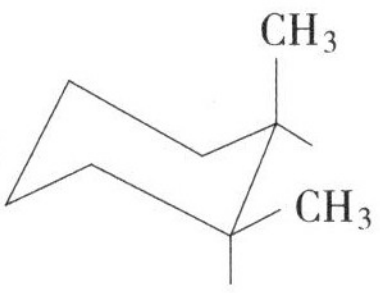 　　(2) 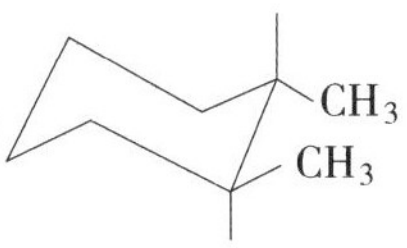 　　(3)

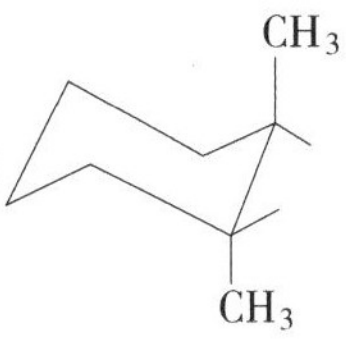

A. (1)>(2)>(3)　　　　　　　　B. (2)>(1)>(3)

C. (3)>(2)>(1)　　　　　　　　D. (2)>(3)>(1)

8. 下列化合物不具有芳香性的是(   )。

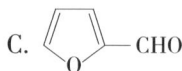

A.   B.   C.   D.

9. 不属于 S_N2 反应特点的是(   )。

A. 卤代烃的解离决定反应速度   B. 亲核试剂从离去基团的背面进攻

C. 发生瓦尔登翻转   D. 伯卤代烃比叔卤代烃反应快

10. 一旋光性物质在浓度为 1 g/mL 时于 10 cm 长盛液管中测定的比旋光度 $[\alpha]_\lambda^{25}=20°$，则浓度被稀释到 0.5 g/mL，盛液管长度为 5 cm 时的旋光度为(   )。

A. 5°   B. 20°(不变)   C. 10°   D. 40°

11. 下列化合物进行亲电取代反应速度最快的是(   )。

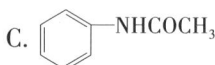

A.   B.   C.   D.

12. 能鉴别氯化苄、溴代环己烷、对氯甲苯的试剂是(   )。

A. Br_2/Fe B. $AgNO_3/NH_3 \cdot H_2O$

C. $KMnO_4/H^+$ D. $AgNO_3/C_2H_5OH$

13. 下列结构中，既有 sp 杂化又有 sp^2 杂化的碳为(   )。

A. 乙烯   B. 乙炔   C. 丙二烯   D. 1,3-丁二烯

14. 扎依切夫规则可用于(   )。

A. 烯烃的加成反应   B. 卤代烃的消除反应

C. 烷烃的卤代反应   D. 苯的亲电取代反应

15. 亲电取代反应中，可降低苯环反应活性的是(   )。

A. —CH_3 B. —OH   C. —$CH=CH_2$ D. —Br

16. 以下化合物可生成格氏试剂的是(   )。

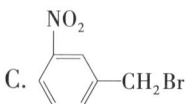

A.   B.   C.   D.

17. CH_2—CH—CH—CH—CH_3 的光学异构体数目应该是(   )。
   |OH |OH |OH |OH

A. 5 个   B. 6 个   C. 7 个   D. 8 个

18. 化合物 $H_2C=CH-CH_2-\underset{\underset{CH_3}{|}}{\overset{\overset{Cl}{|}}{C}}-CH_3$ 的系统名称是(   )。

A. 2-氯-2-甲基-4-戊烯   B. 2-氯-2-甲基-4-己烯

C. 4-甲基-4-氯-1-戊烯   D. 4-甲基-4-氯-1-己烯

19. CH_3CH_2X 和 $(CH_3)_3CX$ 进行水解反应，其反应机理分别是(   )。

A. S_N1、S_N1 B. S_N2、S_N2 C. S_N1、S_N2 D. S_N2、S_N1

20. 下列化合物不能发生傅克烷基化反应的是(   )。

A. 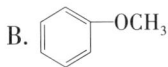　　　B. 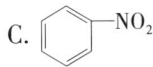　　　C. 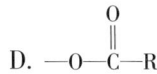　　　D.

21. 按顺序规则,最优先基团应为(　　)。

A. $-\overset{O}{\overset{\|}{C}}-Cl$　　　B. $-NO_2$　　　C. $-C\equiv N$　　　D. $-O-\overset{O}{\overset{\|}{C}}-R$

22. 下列分子属于直线形的是(　　)。

A. CH_3CH_3　　　B. $CH_2{=}CH_2$　　　C. $CH{\equiv}CH$　　　D. $CH_3C{\equiv}CH$

23. $C_2H_5CH{=}CHCH{=}CH_2$ 与 HBr 反应的主要产物为(　　)。

A. $CH_3CH_2CH_2CH{=}CHCH_2Br$　　　B. $C_2H_5CH{=}CHCH_2CH_2Br$

C. $C_2H_5CH(Br)CH{=}CHCH_3$　　　D. $C_2H_5CH(Br)CH_2CH{=}CH_2$

24. $(CH_3)_2CHCH_2-$ 称为(　　)。

A. 正丁基　　　B. 伯丁基　　　C. 仲丁基　　　D. 异丁基

25. 下列原子或基团按吸电子能力从大到小排列次序,正确的是(　　)。

A. $-F{>}-Cl{>}-OH{>}-CH_3$　　　B. $-CH_3{>}-OH{>}-F{>}-Cl$

C. $-F{>}-CH_3{>}-Cl{>}-OH$　　　D. $-F{>}-OH{>}-Cl{>}-CH_3$

二、填空题(10分,每空1分)

1. 烷烃中有微量乙烯可用＿＿＿＿＿＿＿＿＿＿＿＿除去。

2. $CH_2{=}CH_2$ 与 Br_2 反应属于＿＿＿＿＿＿＿＿＿反应机理;苯在铁存在下与溴反应属于＿＿＿＿＿＿＿＿＿反应机理。

3. 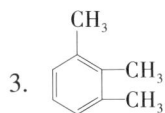 的名称是＿＿＿＿＿＿＿＿＿＿；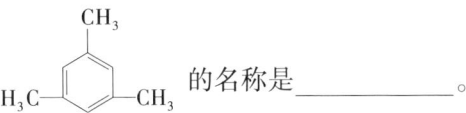 的名称是＿＿＿＿＿＿＿＿＿＿＿。

4. 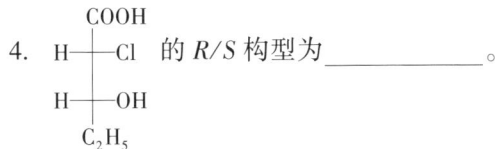 的 R/S 构型为＿＿＿＿＿＿＿＿＿＿＿。

5. 甲基环己烷的优势构象是＿＿＿＿＿＿＿＿＿＿＿＿。

6. 环丙烷和环丙烯可用＿＿＿＿＿＿＿＿＿＿鉴别。

7. 自由基取代反应的三个阶段是＿＿＿＿＿＿＿＿＿＿＿。

8. 不对称烯烃加卤化氢时,按＿＿＿＿＿＿＿＿＿＿规则加成。

三、判断对错(10分,每小题1分)

1. 使苯环钝化的基团都是间位定位基。(　　)

2. 乙炔的酸性比乙烯强。(　　)

3. 休克尔规则普遍适用于 π 电子数等于 $4n+2$ 单环多烯化合物。(　　)

4. 卤代烃脱卤化氢时,无论是 E1 还是 E2 消除反应均应遵循扎依切夫规则。(　　)

5. 没有旋光性的化合物,也可能有手性碳原子。(　　)

6. 环己烷的环上结合有不同取代基时,大的取代基结合在 a 键上的构象最稳定。

(　　)

7. 赖氨酸是碱性氨基酸,等电点大于 7。(　　)

8. 氯苯可与 $AgNO_3$ 的醇溶液反应生成白色的 AgCl 沉淀。(　　)

9. 烯烃和环烯烃都有可能存在几何异构现象。(　　)

10. 在亲核取代反应历程中,若产物构型 80%外消旋、20%构型转化,则该反应为 S_N1 反应历程。(　　)

四、排列顺序题(10 分,每小题 2 分)

1. 按下列化合物与 $AgNO_3$ 的醇溶液反应的反应速度由快到慢排列顺序＿＿＿＿＿。

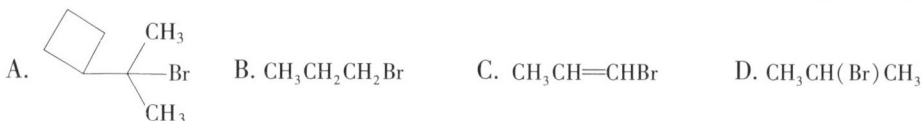

A. 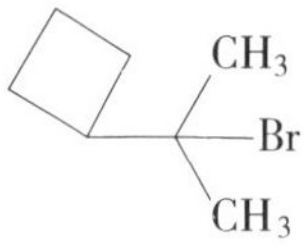

B. $CH_3CH_2CH_2Br$　C. $CH_3CH{=}CHBr$　D. $CH_3CH(Br)CH_3$

2. 按下列化合物的硝化反应活性由高到低排列顺序＿＿＿＿＿。

A. 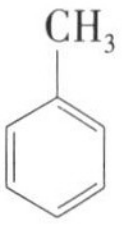

B. 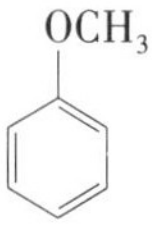

C. 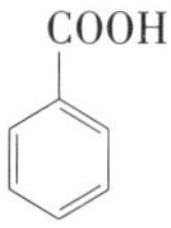

D. 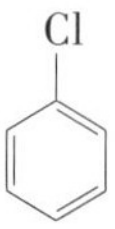

3. 按沸点高低排列顺序＿＿＿＿＿。

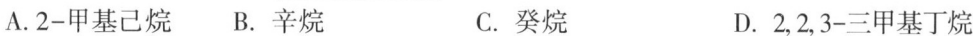

A. 2-甲基己烷　B. 辛烷　C. 癸烷　D. 2,2,3-三甲基丁烷

4. 根据碳正离子的稳定性由大到小排列顺序＿＿＿＿＿。

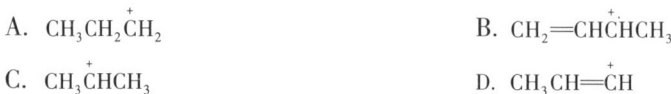

A. $CH_3CH_2\overset{+}{C}H_2$　B. $CH_2{=}CH\overset{+}{C}HCH_3$

C. $CH_3\overset{+}{C}HCH_3$　D. $CH_3CH{=}\overset{+}{C}H$

5. 按构象稳定性由大到小排列顺序＿＿＿＿＿。

A. 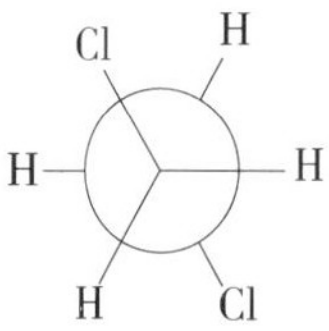

B. 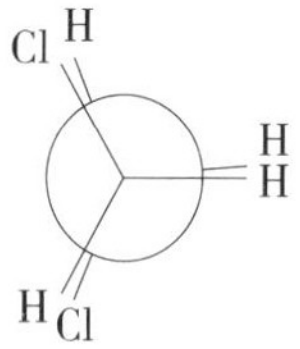

C. 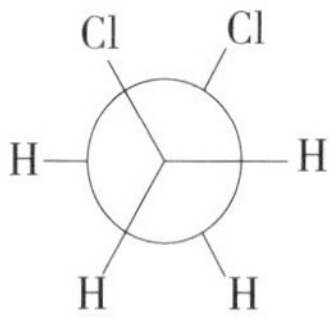

D. 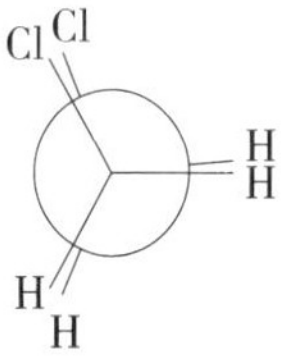

五、完成下列转化(15 分,每空 1 分)

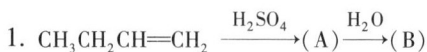

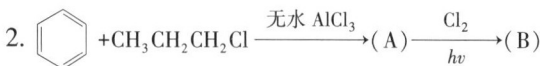

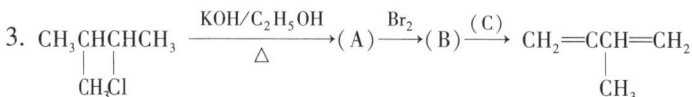

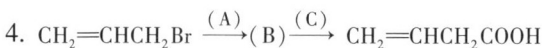

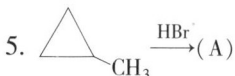

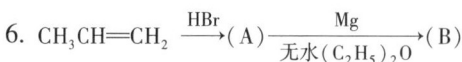

1. $CH_3CH_2CH{=}CH_2 \xrightarrow{H_2SO_4} (A) \xrightarrow{H_2O} (B)$

2. 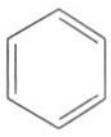 $+CH_3CH_2CH_2Cl \xrightarrow{\text{无水 } AlCl_3} (A) \xrightarrow[hv]{Cl_2} (B)$

3. $CH_3\underset{CH_3}{CH}\underset{Cl}{CH}CH_3 \xrightarrow[\triangle]{KOH/C_2H_5OH} (A) \xrightarrow{Br_2} (B) \xrightarrow{(C)} CH_2{=}\underset{CH_3}{C}CH{=}CH_2$

4. $CH_2{=}CHCH_2Br \xrightarrow{(A)} (B) \xrightarrow{(C)} CH_2{=}CHCH_2COOH$

5. 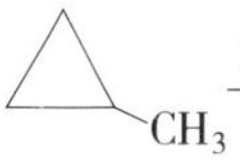

$\xrightarrow{HBr} (A)$

6. $CH_3CH{=}CH_2 \xrightarrow{HBr} (A) \xrightarrow[\text{无水}(C_2H_5)_2O]{Mg} (B)$

7. ⬡—CH₃ $\xrightarrow{(A)}$ O₂N—⬡—CH₃ $\xrightarrow{(B)}$ O₂N—⬡—COOH

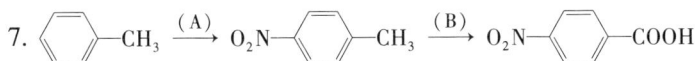

六、合成题(15分,每小题5分)

1. 用苯制备间硝基苯甲酸。

2. 由 $CH_3CH=CH_2$ 和 $CH_2=CH_2$ 及其他无机试剂制备 $CH_3CH_2CH_2OCH_2CH_3$。

3. ⬡(Br) $\longrightarrow$ ⬡(Br, Br)

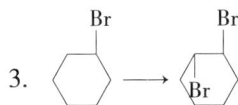

七、推导结构(15分,第1题3分,第2、3题各6分)

1. 在石油裂化气中,分离出分子式为 C_6H_{10} 的液体。它加氢生成2-甲基戊烷,在Hg-SO₄/H₂SO₄ 催化下与水作用生成 $CH_3CH(CH_3)CH_2COCH_3$。C_6H_{10} 若与 $Cu(NH_3)_2Cl$ 溶液作用有沉淀生成。试推导 C_6H_{10} 的构造式。

2. 某卤代烃 A(C_3H_7Br)与KOH醇溶液共热得到主产物 B(C_3H_6),B与HBr作用得到的主要产物 C 是 A 的异构体。试推导 A、B、C 的构造式。

3. 化合物 A、B、C 均为庚烯的异构体。三者都经 O_3 氧化、还原水解,分别得到 CH_3CHO、$CH_3CH_2CH_2CH_2CHO$;$CH_3\overset{O}{\overset{\|}{C}}CH_3$、$CH_3CH_2\overset{O}{\overset{\|}{C}}CH_3$;$CH_3CHO$、$CH_3CH_2\overset{O}{\overset{\|}{C}}CH_2CH_3$。试推导 A、B、C 的结构式。

本科生期末考试课堂预测试题二(农科适用)

(所有答案必须写在答题卡上,答在试卷上无效,考试结束后试卷及答题卡一并收回)

一、单项选择题(25分,每小题1分)

1. $CH_3{-}CH{-}CH{-}CH{-}CH_2CH_2CH_3$ 的系统名称是(　　)。
  （支链：CH_3 CH_3 $CH{-}CH_2{-}CH_3$，下接 CH_3）

  A. 2,3-二甲基-4-仲丁基庚烷　　　　　B. 2,3-二甲基-4-异丁基庚烷

  C. 2,3,5-三甲基-4-丙基庚烷　　　　　D. 3-甲基-4-(1,2-二甲基丙基)庚烷

2. 2,2,3-三甲基戊烷的仲氢数目为(　　)。

  A. 4个　　　　　B. 2个　　　　　C. 1个　　　　　D. 3个

3. $F{-}Cl$（上H 下Br） 与 $Cl{-}F$（上Br 下H） 的关系为(　　)。

  A. 对映体　　　　B. 非对映体　　　　C. 同一化合物　　　　D. 结构异构

4. 下列各式中属于$(2S,3R)$-2,3,4-三羟基丁酸的是(　　)。

  A. COOH／H—OH／H—OH／CH_2OH　　B. COOH／H—OH／HO—H／CH_2OH　　C. CH_2OH／H—OH／H—OH／COOH　　D. CH_2OH／HO—H／H—OH／COOH

5. 下列化合物不发生康尼查罗反应的是(　　)。

  A. 糠醛(呋喃-2-CHO)　　B. 苯甲醛(苯-CHO)　　C. CHO／CHO　　D. 苯乙酮(苯-CO-CH_3)

6. 根据顺序规则,最小的基团是(　　)。

  A. $(CH_3)_3C{-}$　　B. $CH_3{-}CHCH_2{-}$（支链CH_3）　　C. $CH_3CHCH_2CH_3$　　D. $CH_3CH_2CH_2CH_2{-}$

7. 以下取代苯能发生傅克反应的是(　　)。

  A. 苯-NHCOCH_3　　B. 苯-COOH　　C. 苯-SO_3H　　D. 苯-NO_2

8. 属于S_N1反应特点的是(　　)。

  A. 消旋化　　　B. 构型翻转　　　C. 背面进攻　　　D. 五元过渡态

9. 可以将 $CH_3CHCH_2CH_3$（上OH） 与 $(CH_3)_3C{-}OH$ 区分的试剂是(　　)。

  A. Na　　　　B. 浓H_2SO_4　　　　C. 酸性$K_2Cr_2O_7$　　　　D. HIO_4

10. Lucas 试剂可以用于鉴别(　　)。

A. 不同结构的卤代烃　　　　　　　　　B. 邻、间、对苯二酚

C. 伯、仲、叔醇　　　　　　　　　　　D. 不同结构的醚

11. 丙炔在 Hg^{2+}/H_2SO_4 催化下与水加成的产物是(　　)。

A. $CH_3CH_2CH_2OH$　　B. $CH_3\overset{OH}{\underset{|}{CH}}CH_3$　　C. $CH_3\overset{O}{\underset{||}{C}}CH_3$　　D. CH_3CH_3CHO

12. 可以鉴别 〔苯〕—OH 和 〔苯〕—NH_2 的试剂是(　　)。

A. Br_2　　　　B. $FeCl_3$　　　　C. $NaHCO_3$　　　　D. HNO_3

13. 可以一次区别 〔环己烷〕、△和 〔苯〕—OH 的试剂是(　　)。

A. $AgNO_3$　　　　B. Na　　　　C. Br_2/H_2O　　　　D. $KMnO_4/H^+$

14. 下列化合物能发生碘仿反应的是(　　)。

A. CH_3OH　　　B. CH_3COOH　　　C. CH_3CH_2OH　　　D. CH_3CH_2CHO

15. 化合物 $CH_3CH=CHCH_2CH(OH)CH_2CH_3$ 中手性碳的构型为 R 构型,该化合物的立体异构为(　　)。

A. 2 个　　　　B. 4 个　　　　C. 6 个　　　　D. 8 个

16. 可与 Na_2CO_3 水溶液作用的是(　　)。

A. 苯酚　　　　B. 乙酸　　　　C. 乙醇　　　　D. 乙醚

17. 在干燥 HCl 存在下,乙醇和丙醛发生的反应属于(　　)。

A. 缩醛反应　　　B. 羟醛缩合　　　C. 歧化反应　　　D. 康尼查罗反应

18. $(CH_3)_2CHCH_2CH(CH=CH_2)CH(CH_3)_2$ 的系统名称是(　　)。

A. 2,5-二甲基-3-乙烯基己烷　　　　B. 2,5-二甲基-4-乙烯基己烷

C. 4-甲基-3-异丁基-1-戊烯　　　　D. 5-甲基-3-异丙基-1-己烯

19. 己酮糖理论上具有的立体异构体的数目是(　　)。

A. 4 种　　　　B. 8 种　　　　C. 16 种　　　　D. 32 种

20. 下列结构中含有相互垂直的 π 键的为(　　)。

A. 乙烯　　　　B. 丙烯　　　　C. 丙二烯　　　　D. 1,3-丁二烯

21. 丁烷在空间的构象异构体数目为(　　)。

A. 2 个　　　　B. 4 个　　　　C. 无数个　　　　D. 360 个

22. 下列化合物具有芳香性的是(　　)。

A. △⁺　　　　B. △⁻　　　　C. △　　　　D. ⬠

23. 呋喃与 Br_2 反应的活性相当于(　　)。

A. 硝基苯　　　B. 苯酚　　　C. 甲苯　　　D. 苯

24. 与 Lucas 试剂反应最快的是(　　)。

A. 3-戊醇　　　　　　　　　　B. 1-戊醇

C. 2-甲基-2-戊醇　　　　　　　D. 3-甲基-2-戊醇

25. 歧化反应和羟醛缩合反应的条件分别是( )。
A. 浓 OH⁻ 和稀 OH⁻
B. 稀 OH⁻ 和浓 OH⁻
C. 浓 H⁺ 和稀 OH⁻
D. 浓 OH⁻ 和稀 H⁺

二、填空题(10分,每空1分)

1. $HOCH_2CH_2NH_2$ 的俗名是 _____。

2. $CH_3\overset{O}{\overset{\|}{C}}-NHCH_3$ 的名称是 _____; 的名称是 _____。

3. 烷基碳正离子采用的杂化类型是 _____。

4. 格氏试剂与醛或酮反应是制备各种醇的常用方法,但只有用 _____ 醛与格氏试剂反应才能得到伯醇。

5. 不对称烯烃在 H_2O_2 存在下加卤化氢时,按 _____ 规则加成。

6. β-甲基-γ-丁内酯的构造式是 _____。

7. 戊烷的3种异构体中沸点最低的是 _____。

8. 双分子亲核取代反应的英文缩写是 _____。

9. 的俗名是 _____。

三、判断题(10分,每小题1分)

1. 异丁烯可产生顺反异构体。( )

2. 醛、酮化学性质比较活泼,都能被氧化剂氧化成相应的羧酸。( )

3. $\text{C}_6\text{H}_5-CH_2CH=CHCH_3 \xrightarrow{KMnO_4/H^+} \text{C}_6\text{H}_5-CH_2-COOH + CH_3COOH$。( )

4. $CH_3CH_2CH_2CH_2OH \xrightarrow[\triangle]{H^+} CH_3CH=CHCH_3$。( )

5. $\text{C}_6\text{H}_5-OCH_3 + HI \longrightarrow \text{C}_6\text{H}_5-I + CH_3OH$。( )

6. 制备高产率的正丁基叔丁基醚,可以用正丁醇与叔丁醇作原料在浓 H_2SO_4 催化下进行。( )

7. 植物油氢化过程中发生了加成反应。( )

8. $\text{C}_6\text{H}_5-NO_2 + CH_3-\overset{O}{\overset{\|}{C}}-Cl \xrightarrow{\text{无水 AlCl}_3}$ ( )

9. 酚发生亲电取代反应时,—OH 为邻、对位定位基,并且为活化基团,这是因为—OH 的孤电子对与苯环的共轭效应所致。( )

10. 检查乙醚中是否有过氧化物存在,可以用 KI-淀粉试纸,或者加入 $FeSO_4$ 和 KCNS 溶液进行检验。( )

四、排列顺序题（10分,每小题2分）

1. 下列化合物按沸点由高到低的顺序排列_____。

A. 甲乙醚　　　　B. 丙醇　　　　C. 甘油　　　　D. 1,2-丙二醇

2. 按碱性由强到弱排序_____。

A. 氨　　　　B. 乙胺　　　　C. 二乙胺　　　　D. 三乙胺

3. 进行 S_N1 反应速度由快到慢排序_____。

A. 　　B. 　　C. 　　D.

4. 下列化合物按羰基活性由大到小排序_____。

A. $(CH_3)_3CCC(CH_3)_3$（羰基O）　　　　B. CH_3CCH_3（羰基O）

C. C_6H_5CHO　　　　D. C_2H_5CHO

5. 与 $AgNO_3/C_2H_5OH$ 反应由易到难的顺序排列_____。

A. 2-环丁基-2-溴丙烷　　　　B. 1-溴丙烷

C. 2-溴丙烯　　　　D. 2-溴丙烷

五、完成下列转化（15分,每空1分）

1. $\xrightarrow[②Zn/H_2O]{①O_3}$ (A) $\xrightarrow{稀\ NaOH}$ (B)

2. $CH_3COOH+C_2H_5OH \xrightarrow[\triangle]{(\ A\ )}$ (B) $\xrightarrow{NaOC_2H_5}$ (C) $\xrightarrow{稀\ NaOH}$ (D)

3. $(CH_3)_2CH-O-CH_3+2HI \xrightarrow{\triangle}$ (A)+(B)

4. $\xrightarrow[HCl]{Fe}$ (A) $\xrightarrow{(\ B\ )}$ $\xrightarrow{HO^-}$ (C)

5. $CH_3CH_2Br \xrightarrow{稀\ NaOH}$ (A) $\xrightarrow[325℃]{CuO}$ (B) $\xrightarrow[\triangle]{稀\ NaOH}$ (C) $\xrightarrow{(\ D\ )}$ $CH_3CH=CHCHO$

六、合成题（15分,每小题5分）

1. 由丙烯合成　$CH_3CHOCH_2CH_2CH_3$（CH_3）

2. $\longrightarrow$

3. 由丙醇合成乙胺

七、推导结构（15分,每个答案3分）

1. 某化合物 A 的分子式为 C_4H_8。A 加溴后的产物用 KOH/乙醇处理,生成 C_4H_6 的

化合物 B,B 能和 $AgNO_3$ 的氨溶液发生反应生成沉淀。试推导出 A、B 的结构式。

2. 化合物 A 的分子式为 $C_6H_8O_4$。A 能使溴水褪色,用 O_3 分解时得到唯一产物丙酮酸,加热则生成水和酸酐。请推导出化合物 A 的结构式。

3. 某卤代烃 A($C_5H_{11}Br$)与 KOH/C_2H_5OH 作用生成化合物 B(C_5H_{10}),B 氧化后得到 1 分子丙酮和 1 分子乙酸,B 与 HBr 作用正好得到 A。试推导出 A、B 的结构式。

参考答案

本科生期末考试课堂预测试题一(工科适用)

一、单项选择题(25 分,每小题 1 分)

1. D 【解析】考查 IUPAC 命名法。

2. A 【解析】休克尔规则,即如果一个共轭平面环状分子的 π 电子数是 $4n+2(n=0,1,2,3,\cdots)$,则该分子具有芳香性。

3. C 【解析】各种结构卤代烃的鉴别。在 $AgNO_3/C_2H_5OH$ 的作用下,卤代烃遵循 S_N1 历程。

4. A 【解析】分子中是否存在对称因素。

5. A 【解析】二烯烃几何异构的命名。

6. B 【解析】该分子中,两个相对的碳原子上的 H 原子处于范德华半径之和以内,存在范氏斥力,分子不在一个平面上,不符合 $4n+2$ 休克尔规则。

7. B 【解析】取代环己烷的优势构象:在 e 键上的大基团越多越稳定。

8. D 【解析】不符合 $4n+2$ 休克尔规则。

9. A 【解析】A 选项是 S_N1 反应的特点。

10. B 【解析】在测定的光线波长不变、温度不变的条件下,有机物的旋光度是物理常数,也不变。

11. C 【解析】苯环上的 3 类定位基。 —$NHCOCH_3$ 是第一类致活的邻、对位定位基。

12. D 【解析】卤代烃的鉴别。在 $AgNO_3/C_2H_5OH$ 作用下,卤代烃遵循 S_N1 历程。

13. C 【解析】呈 sp 杂化的碳一般与两个原子或基团相连。

14. B 【解析】扎依切夫规则可用于卤代烃、醇的消除反应。

15. D 【解析】苯环上的 3 类定位基, —Br 是第三类致钝的邻对位定位基。

16. D 【解析】制备格氏试剂时的限制条件有:体系中不能有活泼的 H、CO_2、O_2,苯环上不能有 —NO_2。

17. D 【解析】手性分子的光学异构体的数目是 2^n 个(n 是手性碳的个数)。

18. C 【解析】单烯烃的命名:双键碳的编号应尽可能地小,先写小取代基,后写大取代基。

19. D 【解析】卤代烃的取代反应中,伯卤代烃发生 S_N2 历程,叔卤代烃发生 S_N1 历程。

20. C 【解析】苯环上第二类定位基是苯环发生傅克反应的限制条件。

21. D 【解析】顺序规则:基团的大小取决于与主链相连的第一个原子的原子序数,原子序数大的优先级别高。

22. C 【解析】分子中只有 sp 杂化的碳的空间结构为直线形。

23. C 【解析】烷基是给电子基团,反应时交替极化,进行 1,4-加成。

24. D 【解析】没有伯丁基这种叫法。

25. A 【解析】原子或基团的吸电子能力看第一个原子的电负性,电负性越大,原子或基团的吸电子能力越强。

二、填空题(10分,每空1分)

1. 浓 H_2SO_4 【解析】乙烯与浓 H_2SO_4 反应生成硫酸氢酯溶于浓 H_2SO_4。

2. 亲电加成;亲电取代 【解析】溴分子带正电的中间体进攻碳碳双键中的 π 键,最终 π 键打开,完成亲电加成反应;溴分子带正电的中间体进攻苯环的环状大 π 键,取代苯环上的 H 原子,完成亲电取代反应。

3. 连三甲苯(1,2,3-三甲苯);均三甲苯(1,3,5-三甲苯)

4. $2R,3R$ 【解析】横顺 S,竖顺 R。

5. ⟍⟋⟍⟋CH_3 【解析】基团在 e 键上的化合物最稳定。

6. $KMnO_4/H^+$ 【解析】环烷烃不能和 $KMnO_4$ 反应。

7. 链引发、链增长、链终止

8. 马氏

三、判断题(10分,每小题1分)

1. × 【解析】—F 、—Cl 、—Br 、—I 也可使苯环钝化,但它们属于邻、对位定位基。

2. √ 【解析】乙炔中的三键碳是 sp 杂化的,电负性比乙烯中的双键碳(sp² 杂化)大。

3. × 【解析】休克尔规则普遍适用于 π 电子数等于 $4n+2$ 的单环、平面、共轭体系。

4. √

5. √ 【解析】酒石酸的内消旋体没有旋光活性,但有两个手性碳原子。

6. × 【解析】环己烷上,大的取代基在 e 键上稳定。

7. √ 【解析】赖氨酸在 pH 为 7 的水溶液中以赖氨酸正离子形式存在,需要加碱才能使赖氨酸以偶极离子形式存在,即达到等电点 pI,因此赖氨酸的等电点大于 7。

8. × 【解析】氯苯属于苯型卤代烃,不与 $AgNO_3$ 的醇溶液反应。

9. √ 【解析】在烯烃分子中,只要每个双键碳各自连有的两个原子(或基团)不同就有几何异构现象,而环烯烃上的两个单键碳上各自连有基团就有几何异构。

10. √ 【解析】在 S_N1 历程中,亲核试剂从碳正离子背面进攻机率大于正面进攻机率,60% 的构型转化产物拿出 40% 与另外 40% 构型保持形成外消旋体(占 80%)。

四、排列顺序(10分,每小题2分)

1. A>D>B>C 【解析】卤代烃与 $AgNO_3$ 的醇溶液反应遵循 S_N1 历程,碳正离子中间体越稳定反应速度越快。

2. B>A>D>C 【解析】考查苯环上的3类定位基。

3. C>B>A>D 【解析】烷烃分子沸点与碳链的碳原子数量有关。碳原子个数多的烷烃的沸点高于碳原子个数少的;同等长度碳链,直链烷烃的沸点高于支链烷烃,且支链越多,沸点越低。

4. B>C>A>D 【解析】碳正离子稳定性,先看体系中是否有 p-π 共轭效应;然后是叔碳碳正离子>仲碳碳正离子>伯碳碳正离子;最后烯型、苯型碳正离子最不稳定。

5. A>C>B>D 【解析】纽曼投影式的稳定性:对位交叉式>邻位交叉式>部分重叠式>全重叠式。

五、完成下列转化(15分,每空1分)

1. (A) CH₃CH₂CHCH₃ (B) CH₃CH₂CHCH₃
            | |
          OSO₃H   OH

2. (A) 〔苯〕—CH(CH₃)₂ (B) 〔苯〕—C(CH₃)₂
                                              |
                                             Cl

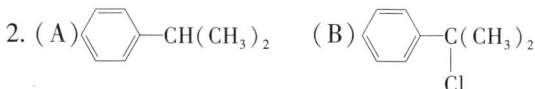

【解析】(A)傅克烷基化反应中,长的、直的烷基侧链发生异构化,生成更稳定的碳正离子进攻苯环 π 键电子云;(B)烷基苯侧链的卤代发生在与苯环相连的 α-C 上。

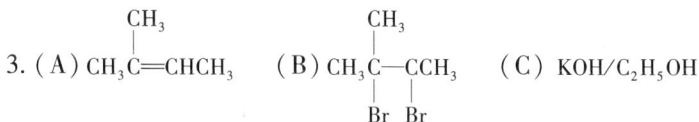

3. (A) CH₃C=CHCH₃   (B) CH₃C—CCH₃   (C) KOH/C₂H₅OH
       | | |
       CH₃   Br Br
                                 CH₃

【解析】(A)仲、叔卤代烃发生消除反应时遵循扎依切夫规则;(C)链状邻二卤代烃发生消除反应时遵循扎依切夫规则。

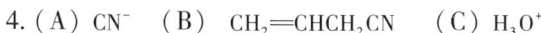

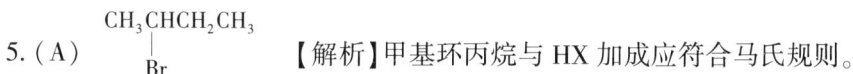

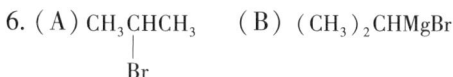

4. (A) CN⁻   (B) CH₂=CHCH₂CN   (C) H₃O⁺

5. (A) CH₃CHCH₂CH₃   【解析】甲基环丙烷与 HX 加成应符合马氏规则。
          |
          Br

6. (A) CH₃CHCH₃   (B) (CH₃)₂CHMgBr
          |
          Br

7. (A) 稀 HNO₃/30℃   (B) KMnO₄/H⁺

六、合成题(15分,每小题5分)

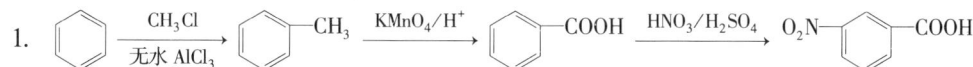

1. 〔苯〕 —CH₃Cl/无水AlCl₃→ 〔苯〕—CH₃ —KMnO₄/H⁺→ 〔苯〕—COOH —HNO₃/H₂SO₄→ O₂N—〔苯〕—COOH

【解析】注意傅克烷基化、酰基化反应的限制条件,不可以先上硝基再上烷基。

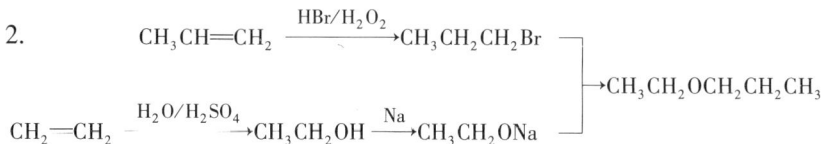

2. CH₃CH=CH₂ —HBr/H₂O₂→ CH₃CH₂CH₂Br
   CH₂=CH₂ —H₂O/H₂SO₄→ CH₃CH₂OH —Na→ CH₃CH₂ONa
   → CH₃CH₂OCH₂CH₂CH₃

【解析】反马氏规则、威廉森合成。本题也可以用乙基溴、丙醇钠生成产物。

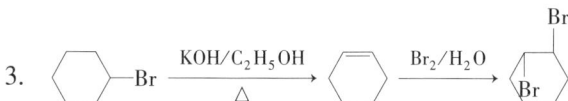

3. 〔环己基〕—Br —KOH/C₂H₅OH/△→ 〔环己烯〕 —Br₂/H₂O→ 〔环己基〕(Br,Br)

【解析】依据扎依切夫规则,Br₂ 与双键进行反式加成。

七、推导结构(15分,第1题3分,第2、3题各6分)

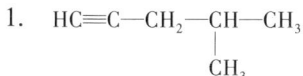

1. HC≡C—CH₂—CH—CH₃
                  |
                  CH₃

【解析】端基炔烃与 Cu(NH₃)₂Cl 作用生成沉淀。

2. A. CH₂—CH₂—CH₃   B. CH₂=CH—CH₃   C. CH₃—CH—CH₃ (每个答案2分)
      | |
      Br   Br

3. A. CH₃—CH=CH—CH₂CH₂CH₂CH₃   B. H₃C、CH₃ C=C CH₃、CH₂CH₃   C. CH₃—CH=CH CH₂CH₃、CH₂CH₃

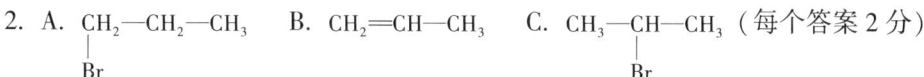

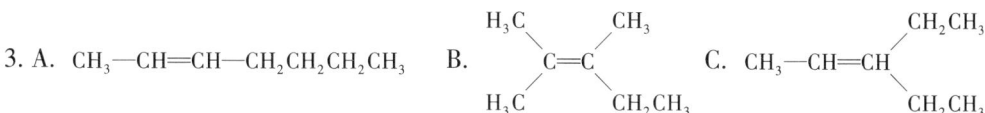

【解析】烯烃经 O₃ 氧化、还原水解的产物中,去掉含氧碳原子的氧,然后将碳原子以双键形式相连,即为原烯烃。(每个答案2分)

本科生期末考试课堂预测试题二(农科适用)

一、单项选择题(25 分,每小题 1 分)

1. C 【解析】考查 IUPAC 命名法。

2. B

3. C 【解析】考查顺序规则:"横顺 S,竖顺 R"。

4. D 【解析】考查顺序规则:"横顺 S,竖顺 R"。

5. D 【解析】不含有 α-H 的醛能发生康尼查罗反应。

6. D

7. A 【解析】考查苯环上的 3 类定位基。

8. A

9. C

10. C

11. C 【解析】端基炔烃在催化剂作用下与水加成符合马氏规则。

12. B 【解析】$FeCl_3$ 可以与烯醇式结构反应,生成具有颜色的络合物。

13. C 【解析】环己烷可以将溴水从水中萃取出来,形成橙色的环己烷层和无色的水层。环丙烷在特定的条件下,可以使溴水的红棕色褪去。苯酚与溴水反应生成三溴苯酚,三溴苯酚为白色沉淀。

14. C 【解析】具有乙酰基的醛或酮、α-甲基醇(α-C 上至少有 1 个 H)可发生碘仿反应。

15. B 【解析】该化合物含有 1 个手性碳和 1 个顺反异构。

16. B

17. A

18. D

19. B 【解析】己酮糖分子中有 3 个不同的手性碳原子,因此从理论上讲其立体异构体的数目为 2^3 种,即 8 种。

20. C

21. C

22. A 【解析】考查 $4n+2$ 的休克尔规则。

23. B

24. C

25. A

二、填空题(10 分,每空 1 分)

1. 胆胺

2. N-甲基乙酰胺;N-甲基-N-乙基苯胺

3. sp^2

4. 甲

5. 反马氏

6.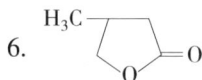

7. 新戊烷 【解析】烷烃分子中碳原子个数相同时,支链越多沸点越低。

8. S_N2

9. 肌醇

三、判断题(10 分,每小题 1 分)

1. × 【解析】单烯烃产生顺反异构的充要条件是每个双键碳各自连有互不相同的原子或基团,且两个双键碳所连的原子或基团至少有一对是相同的。异丁烯的两个双键碳各自所连的原子或基团都是相同的,因而其没有顺反异构体。

2. × 【解析】酮不能被弱氧化剂氧化。

3. × 【解析】当苯环上连有侧链时,只要与苯环相连的碳原子上有 H 原子,则不论侧链含有几个碳原子,氧化的产物总是苯甲酸。因此,此反应应该生成苯甲酸和乙酸。

4. √ 【解析】醇在浓 H_2SO_4 作用下分子内脱水遵循 EI 历程,发生了 C 正离子重排。

5. × 【解析】芳基烷基醚与 HI 作用时,芳基形成酚,烷基形成碘代烷。因此,此反应应生成苯酚和碘代甲烷。

6. × 【解析】不同的醇在浓 H_2SO_4 的催化下会生成不同醚的混合物,混合醚应该用威廉森合成制备。

7. √

8. × 【解析】当苯环上有第二类定位基时,傅克烷基化、酰基化反应不能发生。

9. √

10. √

四、排列顺序题(10 分,每小题 2 分)

1. C>D>B>A 【解析】醇的沸点大于同分异构体的醚;醇分子中,羟基越多,沸点越高。

2. C>B>D>A 【解析】脂肪族胺的碱性大于氨;脂肪族胺中,仲胺碱性大于伯胺大于叔胺。

3. A>D>C>B 【解析】S_N1 反应历程是生成碳正离子中间体。

4. D>C>B>A 【解析】羰基活性中,醛大于酮,脂肪族醛大于芳香族醛。

5. A>D>B>C 【解析】卤代烃与 $AgNO_3/C_2H_5OH$ 的反应遵循 S_N1 反应历程。

五、完成下列转化(15 分,每空 1 分)

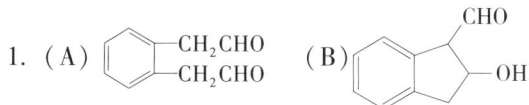

1. (A) 　(B)

【解析】(B)反应为羟醛反应。

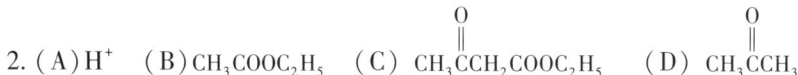

2. (A)H^+　(B)$CH_3COOC_2H_5$　(C)$CH_3\overset{O}{\overset{\|}{C}}CH_2COOC_2H_5$　(D)$CH_3\overset{O}{\overset{\|}{C}}CH_3$

【解析】(A)反应为酯化反应,酯化反应需在浓 H_2SO_4 的催化下才能发生;(C)是 Claisen 酯缩合产物;(D)是"三乙"的成酮分解产物。

3. (A)$(CH_3)_2CHI$　(B)CH_3I

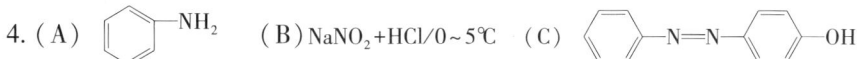

4. (A) 　(B)$NaNO_2+HCl/0\sim5℃$　(C)

【解析】(C)反应为偶氮化合物的生成反应。

5. (A)CH_3CH_2OH　　(B)CH_3CHO　　(C)　$CH_3\overset{\underset{\displaystyle OH}{|}}{C}HCH_2CHO$　　(D)$\triangle/-H_2O$

【解析】(B)反应为醇的催化脱氢;(C)反应为含有 α-H 的醛酮化合物的羟醛缩合反应。

六、合成题(15 分,每小题 5 分)

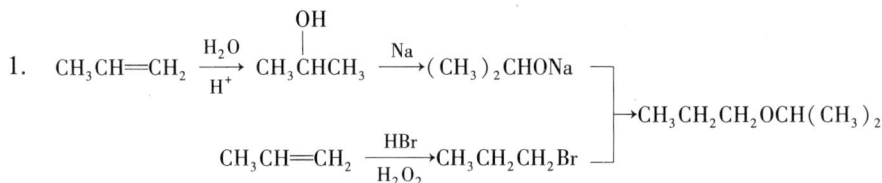

1.　$CH_3CH\!\!=\!\!CH_2 \xrightarrow[H^+]{H_2O} CH_3\overset{\underset{\displaystyle OH}{|}}{C}HCH_3 \xrightarrow{Na} (CH_3)_2CHONa$ ⎤

$CH_3CH\!\!=\!\!CH_2 \xrightarrow[H_2O_2]{HBr} CH_3CH_2CH_2Br$ ⎦ → $CH_3CH_2CH_2OCH(CH_3)_2$

【解析】不对称醚的合成应选择威廉森合成,用级别小的烃基作卤代烃。

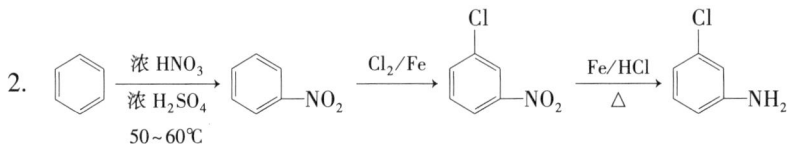

2.　苯 $\xrightarrow[\underset{50\sim60℃}{浓\ H_2SO_4}]{浓\ HNO_3}$ 苯$-NO_2$ $\xrightarrow{Cl_2/Fe}$ (Cl,NO_2 苯环) $\xrightarrow[\triangle]{Fe/HCl}$ (Cl,NH_2 苯环)

【解析】氨基的前体是硝基,硝基为间位定位基。

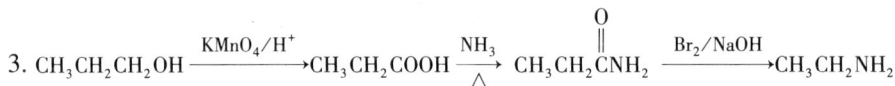

3. $CH_3CH_2CH_2OH \xrightarrow[\triangle]{KMnO_4/H^+} CH_3CH_2COOH \xrightarrow{NH_3} CH_3CH_2\overset{\displaystyle O}{\overset{\|}{C}}NH_2 \xrightarrow{Br_2/NaOH} CH_3CH_2NH_2$

【解析】题干中产物比反应物少一个碳,解题时可考虑将反应物的羟基转变为氨基,再利用霍夫曼降解得到产物。

七、推导结构(15 分,每个答案 3 分)

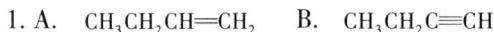

1. A. $CH_3CH_2CH\!\!=\!\!CH_2$　　B. $CH_3CH_2C\!\!\equiv\!\!CH$

【解析】端基炔烃与 $AgNO_3$ 的氨溶液发生反应生成沉淀是本题的突破口。

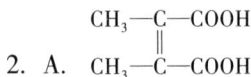

2. A. $CH_3\overset{\underset{\displaystyle CH_3-C-COOH}{\|}}{C}-COOH$

【解析】含有碳碳双键的化合物经 O_3 氧化分解后得到的产物,将产物中醛或酮羰基的 O 原子去掉,两个碳以双键形式相连,即可推出反应物的结构。

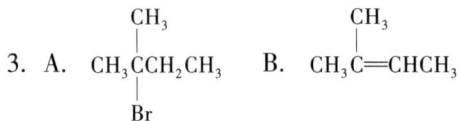

3. A. $CH_3\overset{\underset{\displaystyle Br}{|}}{\overset{\displaystyle CH_3}{C}}HCH_2CH_3$　　B. $CH_3\overset{\underset{\displaystyle}{|}}{\overset{\displaystyle CH_3}{C}}\!\!=\!\!CHCH_3$

【解析】不对称烯烃与 HX 加成符合马氏规则;将氧化产物丙酮、乙酸中的 O 原子去掉,然后两个碳原子以双键形式相连,即可推出反应物结构。

5. 将下列化合物的碱性由强到弱排序_____。

A. CH_3NH_2 B. ⬡—NH_2 C. ⬡—$NHCOCH_3$ D. CH_3NHCH_3

四、完成下列反应(10分，每空1分)

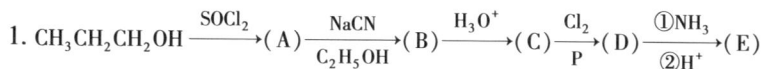

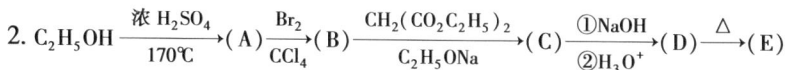

1. $CH_3CH_2CH_2OH \xrightarrow{SOCl_2} (A) \xrightarrow[C_2H_5OH]{NaCN} (B) \xrightarrow{H_3O^+} (C) \xrightarrow[P]{Cl_2} (D) \xrightarrow[②H^+]{①NH_3} (E)$

2. $C_2H_5OH \xrightarrow[170℃]{浓 H_2SO_4} (A) \xrightarrow[CCl_4]{Br_2} (B) \xrightarrow[C_2H_5ONa]{CH_2(CO_2C_2H_5)_2} (C) \xrightarrow[②H_3O^+]{①NaOH} (D) \xrightarrow{\triangle} (E)$

五、写出下列反应的反应历程(5分)

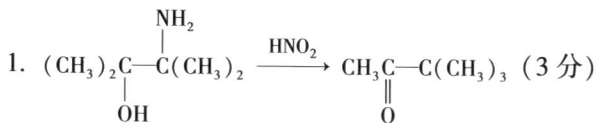

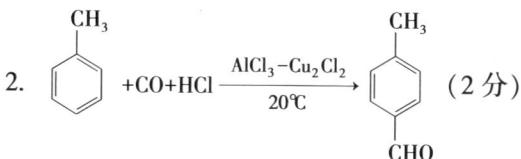

1. $(CH_3)_2C-C(CH_3)_2$ (带有 NH_2 和 OH 取代基) $\xrightarrow{HNO_2} CH_3C-C(CH_3)_3$ (带有 O) （3分）

2. ⬡(带 CH_3) $+CO+HCl \xrightarrow[20℃]{AlCl_3-Cu_2Cl_2}$ ⬡(带 CH_3 和 CHO) （2分）

六、推导结构(10分，每个答案2分)

1. 某化合物 A 的分子式为 C_5H_{10}，具有光学活性，能使 Br_2/CCl_4 溶液褪色，但不能使酸性 $KMnO_4$ 溶液褪色。A 与 HBr 加成可生成物质 B，B 仍有光学活性。试推导 A、B 的结构。

2. 某化合物 A 的分子式为 $C_{10}H_{12}O_2$，不溶于 NaOH 溶液，能与苯肼作用生成黄色固体，能与饱和的 $NaHSO_3$ 溶液反应得到白色晶体，但不与托伦试剂反应。A 经 $LiAlH_4$ 还原可得到分子式为 $C_{10}H_{14}O_2$ 的 B，A 和 B 都能发生碘仿反应。A 与浓 HI 作用可生成分子式为 $C_9H_{10}O_2$ 的物质 C，C 能与 $FeCl_3$ 发生显色反应。化合物 A 发生硝化反应，一元硝基取代的化合物最多能有两种。试写出 A、B、C 的结构。

七、合成题(15分，每小题5分，无机试剂任选)

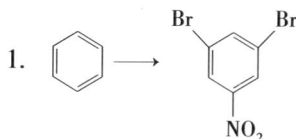

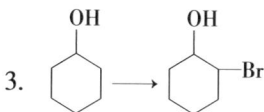

1. ⬡ ⟶ 3,5-二溴硝基苯（Br, Br, NO_2 取代的苯环）

2. ⬡—CH_3 和 $H_5C_2OOCCH_2COOC_2H_5$ ⟶ ⬡—CH_2CH_2COOH

3. 环己醇（OH）⟶ 2-溴环己醇（OH, Br 取代的环己烷）

硕士研究生入学考试模拟试题五

考试科目：化学(理)(有机化学部分)

分　　值：75 分

适用专业：各相关专业

注意：答案必须写在答题卡上，写在试卷上无效。

一、命名或写出结构式(10 分，每小题 1 分，有立体构型者需要标出)

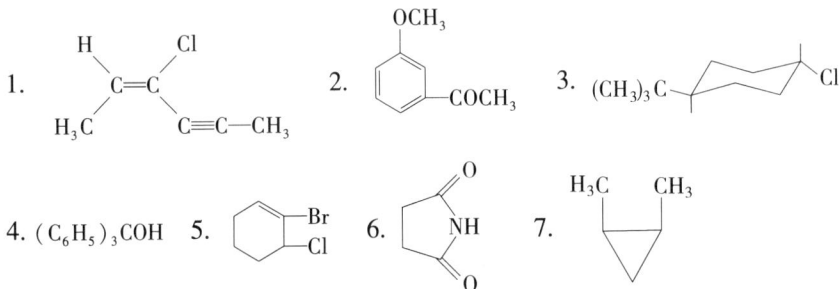

1. [结构式] 2. [结构式] 3. $(CH_3)_3C$—[结构式]—Cl

4. $(C_6H_5)_3COH$　5. [结构式]　6. [结构式]　7. [结构式]

8. N-甲基-N-乙基环丁胺　9. R-(−)-乳酸(Fischer 投影式)

10. 3,6-二甲基-4-丙基辛烷

二、填空题(15 分，每空 1 分)

1. 不能与其镜像完全重合的分子称为_____分子。

2. 在苯环上连有_____基团时，苯环上不能发生傅克反应。

3. 如果一个内消旋体含有两个手性碳，这两个手性碳的构型一定是_____。

4. 伯卤代烃与醇钠制备混合醚的反应称为_____。

5. 最简单的酮糖是_____。

6. 烷烃的卤代反应遵循_____反应历程。

7. 噻吩的亲电取代反应活性相当于_____。

8. 乙二酸的酸性比甲酸的酸性_____。

9. 碱性氨基酸的等电点范围是_____。

10. Zn-Hg/浓 HCl 可将醛酮中的羰基还原为_____。

11. S_N1 表示的是_____。

12. 可以用 Lucas 试剂鉴别_____。

13. 肼的结构式为_____。

14. 醇在浓 H_2SO_4 催化下分子内脱水遵循_____反应历程。

15. 卤代烃与硝酸银的醇溶液发生亲核取代反应遵循_____历程。

三、单项选择题(15 分，每小题 1 分)

1. 下列化合物能使酸性 $KMnO_4$ 溶液褪色的是(　　)。

A. [苯环结构]　　　　　　　　　B. [三元环结构]

C. [苯环]—CH$_2$CH$_2$CH$_2$CH$_3$ 　　　　　　　D. [苯环]—C(CH$_3$)$_3$ 带有 CH$_3$ 三个甲基

2. 下列化合物不能发生碘仿反应的是(　　　)。

A. CH$_3$CHO 　　　　　　　　　　　　　　B. CH$_3$CH$_2$OH

C. [呋喃环O]—COCH$_3$ 　　　　　　　　D. CH$_3$CH$_2$CH$_2$OH

3. 下面四个化合物哪一个沸点最高(　　　)。

A. CH$_3$CH$_2$I 　　　　　　　　　　　　B. CH$_3$CH$_2$OH

C. CH$_3$CH$_2$Br 　　　　　　　　　　　　D. CH$_3$CH$_2$OCH$_3$

4. 下列化合物不能发生银镜反应的是(　　　)。

A. 葡萄糖 　　　　B. 甘露糖 　　　　C. 果糖 　　　　D. 淀粉

5. 两个苯环共用两个碳原子而形成的双环化合物属于(　　　)。

A. 桥环烃 　　　　B. 螺环烃 　　　　C. 稠环芳烃 　　　　D. 联苯类化合物

6. 在化合物 CH$_3$CH=CHCH$_2$CH$_3$ 的取代反应中，被 Br$_2$ 取代活性最强的氢是(　　　)。

A. C$_1$ 　　　　B. C$_2$ 及 C$_3$ 　　　　C. C$_4$ 　　　　D. C$_5$

7. 下列化合物既能与 HCN 反应，又能发生碘仿反应的是(　　　)。

A. [苯环]—CHO 　　　　　　　　　　　　B. [苯环]—COCH$_3$

C. CH$_3$CHO 　　　　　　　　　　　　　D. H$_3$CH$_2$COCH$_2$CH$_3$

8. 下列化合物不具有芳香性的是(　　　)。

A. [嘧啶环] 　　　　B. [吡咯环 N-H] 　　　　C. [吡啶环] 　　　　D. [吡喃环]

9. 下列化合物具有变旋现象的是(　　　)。

A. 丙醛糖 　　　　B. 丙酮糖 　　　　C. 蔗糖 　　　　D. 淀粉

10. 下列碳正离子，最稳定的是(　　　)。

A. CH$_2$=$\overset{+}{C}$—CH$_2$CH$_2$CH$_3$ 　　　　B. [苯环]—$\overset{+}{CH}$—CH$_2$CH$_2$CH$_3$

C. [苯环]—CH$_2$—CH$_2\overset{+}{CH}$CH$_3$ 　　　　D. (CH$_3$)$_3\overset{+}{C}$

11. 扎依切夫规则可用于(　　　)。

A. 烯烃的加成反应 　　　　　　　　　　B. 醇的消除反应

C. 烷烃的卤代反应 　　　　　　　　　　D. 苯的亲电取代反应

12. 可以用来分解处理炔化银沉淀的试剂是(　　　)。

A. 稀 H$_2$SO$_4$ 　　　　B. 稀 HNO$_3$ 　　　　C. 稀 NaOH 　　　　D. 稀 HCl

13. 在以下的反应中，不生成碳正离子中间体的是（　　）。

A. S_N1　　　　　　B. E1　　　　　　C. 烯烃的亲电加成　D. Diels-Alder 反应

14. 下列碳正离子中，最稳定的是（　　）。

A. 　　　　　　　　B.

C. 　　　　　　　　D.

15. 下列基团中使苯环上亲电取代反应活性降低的是（　　）。

A. —I　　　　　　B. —OCH₃　　　　　C. —NHCOCH₃　　　D. —CH₂OH

四、排列顺序题（10分，每小题2分）

1. 将下列化合物按酸性由强到弱排列_____。

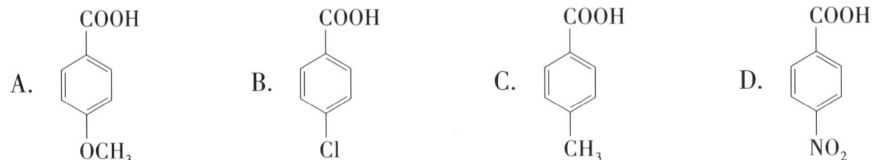

A. 　　B. 　　C. 　　D.

2. 下列碳正离子的稳定性次序由强到弱排列为_____。

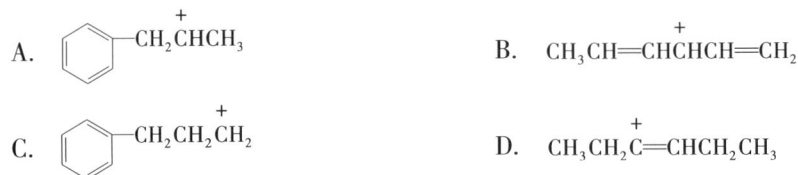

A. 　　　　　　　　B. $CH_3CH=CHCHCH=CH_2$（带正电）

C. 　　　　　　　　D. $CH_3CH_2C=CHCH_2CH_3$（带正电）

3. 下列化合物进行硝代反应由难到易排列为_____。

A. 乙苯　　　　　B. 苯　　　　　C. 苯磺酸　　　　D. 溴苯

4. 将下列化合物发生 S_N2 反应活性由大到小排列_____。

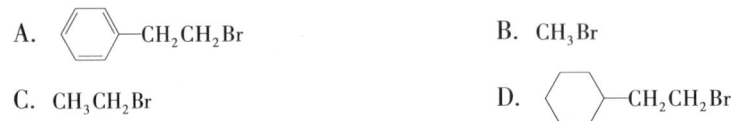

A. 　　　　　　　B. CH_3Br

C. CH_3CH_2Br　　　　　　　　D.

5. 下列羰基化合物与亲核试剂反应的活性由强到弱排列_____。

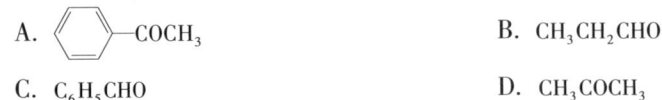

A. 　　　　　　　B. CH_3CH_2CHO

C. C_6H_5CHO　　　　　　　　D. CH_3COCH_3

五、判断题（10分，每小题1分）

1. 每种氨基酸都具有等电点，而且都只有一个等电点。（　　　）

2. 手性分子具有旋光性，具有旋光性的分子一定是手性分子。（　　　）

3. 卤代烃进行 S_N2 反应时，中间过程可能发生碳正离子重排。（　　　）

4. 在立体化学中，D 表示右旋，L 表示左旋。（　　　）

5. 含羰基化合物都具有酮式与烯醇式的互变异构现象。（   ）

6. 可以用 $KMnO_4/H^+$ 来鉴别环丙烷与环丙烯。（   ）

7. 瓦尔登转化是 S_N2 反应的立体化学特征。（   ）

8. 所有的单糖都具有还原性。（   ）

9. 卤代烃、醇在进行亲核取代反应时常伴有消除反应的发生。（   ）

10. 2,4-戊二酮可与 $FeCl_3$ 反应显色。（   ）

六、推导结构（5分）

1. 某化合物 A 的分子式为 C_9H_{12}。A 不能使 Br_2/CCl_4 溶液褪色，与浓 HNO_3/浓 H_2SO_4 反应后最多能得到两种一元硝基化合物。将这两种硝化产物分别用 $KMnO_4$ 氧化后又可得到同一种二元羧酸化合物 B。推导 A、B 的结构。（3分，每个答案1.5分）

2. 某化合物 A 的分子式为 $C_6H_{13}ON$。经测试证明 A 具有旋光性。将 A 放在碱性溶液中，A 可水解生成一种气态有机产物，乙酰胺与 $Br_2/NaOH$ 反应时也可生成这种气态有机物。试推导 A 的结构。（2分）

七、合成题（10分，无机试剂任选）

1. 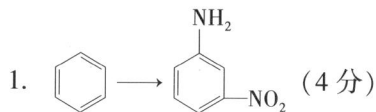 （4分）

2. 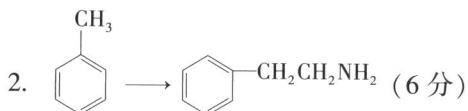 （6分）

答案与解析

本科生期末考试模拟试题一

一、单项选择题（25分，每小题1分）

1. B 【解析】第一个是反式构型，第二个是顺式构型。

2. B 【解析】卤素在链式结构中为吸电子基团，卤素基团越多、距离羧基越近，对化合物酸性增强的效果越好。

3. B 【解析】与3个F相连的碳带正电，与该碳原子相连的双键碳带负电，加成结果遵循广义马氏规则。

4. C 【解析】此为Diels-Alder反应，该反应要求有一个反应物是共轭二烯烃。

5. C 【解析】NaOH与苯酚、羧酸都能发生反应，但二者的实验现象无明显差别。

6. D 【解析】考查$4n+2$休克尔规则。

7. B 【解析】—CO—CH$_2$—CO—，这种结构含有较多的烯醇式。如果是酯基，则羰基碳的正电性下降，烯醇式减少。

8. D 【解析】分子中含有两个或两个以上 —CO—NH— 结构的化合物能发生缩二脲反应。

9. B 【解析】N原子与C原子以双键形式相连，采用sp^{2}杂化状态。

10. D 【解析】肽键仅具有一级结构，其中的羰基碳为SP^{2}杂化，组成肽键的4个原子在1个平面上。

11. D

12. D 【解析】S$_N$1历程是碳正离子中间体的生成途径，D的碳正离子存在p-π共轭效应，体系最稳定，因此，S$_N$1历程速度最快。

13. C 【解析】斐林试剂只能氧化醛中的脂肪族醛。

14. B 【解析】羧基中羟基O原子上的孤对电子与羰基中的π键形成p-π共轭效应，降低了羰基碳的正电性。

15. C 【解析】水杨酸是邻羟基苯甲酸，没有手性碳原子，也没有不对称因素，不存在立体异构现象。

16. D 【解析】α-D-葡萄糖与β-D-葡萄糖只有第一个手性碳构型相反，其余手性碳构型都相同，因此不是对映体，而是非对映体。

17. A 【解析】蔗糖是由α-D-葡萄糖1位碳的羟基与β-D-果糖2位碳上的羟基失水连接在一起的，称为α-1,2-糖苷键。

18. D 【解析】卵磷脂的水解产物包括脂肪酸、甘油、磷酸、胆碱。

19. A 【解析】羟基与羰基反应生成的缩醛对氧化剂和碱稳定，可以起到保护醛基的作用。

20. D　【解析】制备格氏试剂的限制条件之一是体系中不能含有活泼的 H。

21. C

22. D　【解析】醇羟基与醚键 O 原子互为官能团结构异构。

23. C　【解析】威廉森反应是合成不对称醚的好方法。

24. C　【解析】因为在 $CH_3CH_2CHBrCH_3$ 分子中，没有任何一个原子或基团可与水形成氢键。

25. A　【解析】不含 α-H 的醛在浓碱中发生康尼查罗反应。

二、填空题(15 分，每空 1 分)

1. 碳碳双键；π 键；差　【解析】π 键较 σ 键距离碳的原子核远，受核的束缚小，稳定性差，易发生反应。

2. 前；后

3. 自由基加成

4. 5

5. 交酯；内酯

6. 非还原性

7. 四面体

8. 5

9. D

10. 脱氧核糖核酸；核糖核酸

三、判断题(10 分，每小题 1 分)

1. √　【解析】脂肪族醛中，甲醛分子中羰基碳的正电性最强，最不容易被氧化。

2. ×　【解析】凡是具有 —CH—CH₃（上有 OH）和 —C—CH₃（上有 O，双键）结构的可以发生碘仿反应。

3. √　【解析】环丙烷或取代环丙烷中具有角张力、扭转张力，受外界影响易开环。

4. ×　【解析】酮的反应活性较醛差，不能被弱氧化剂氧化。

5. √

6. √　【解析】环己烷船式构象中，C_1、C_4 上两个相对的 H 原子之间的距离是 0.183 nm，小于 H 原子范德华半径之和 0.24 nm，存在范德华斥力。

7. ×　【解析】在 101 kPa、298 K 条件下，1 mol 气态 AB 分子生成气态 A 原子和气态 B 原子的过程所吸收的能量，称为 AB 间共价键的键能。共价键的键能用来衡量共价键牢固程度，共价键键能越大表示该共价键越牢固，即越不容易被破坏，发生化学反应的活性越弱。

8. ×　【解析】分子的极性与组成它的化学键是否为极性键没有必然联系。分子的极性是分子中正负电荷中心不重合，从整个分子来看，电荷的分布不均匀、不对称所导致的。

9. √　【解析】当 H 与 F、O、N 形成共价键时，键结电子被吸引偏向 F、O、N 原子而带部分负电荷，此时 H 形成近似 H 离子(H^+)的状态，能吸引邻近电负性较大的 F、

O、N 原子上的孤对电子。H 原子介于两分子的 N 或 O 或 F 原子之间，有如键结，称为氢键。

10.× 【解析】烯烃、芳香烃 α-C 上的 H 和环烷烃也可以发生自由基取代反应。

四、排列顺序题(10 分，每小题 2 分)

1. A>B>C>D 【解析】顺序规则即比较原子或基团的首个原子的原子序数的大小，直到有差别为止。

2. C>B>A>D 【解析】一般来说，共轭效应和超共轭效应的作用越多，碳正离子的稳定性越强。

3. A>D>B>C 【解析】苯磺酸的磺酸基中含有两个 S=O 双键，质子 H 更容易电离，酸性比羧基要强。芳香族羧酸分子中含有 p-π 共轭、π-π 共轭体系，质子 H 容易电离，酸性大于脂肪族羧酸的酸性。

4. D>B>A>C 【解析】醛酮发生亲核加成反应的活性与羰基两侧的基团的空间位阻相关，基团体积越大，空间位阻越大，亲核加成反应的活性越低。

5. A>D>C>B 【解析】—NHCOCH₃、—CH₃ 是致活的邻对位定位基，且前者的致活能力比后者强；—SO₃H 属于强致钝的间位定位基；—Br 属于弱致钝的邻对位定位基。

五、完成下列转化(15 分，每空 1.5 分)

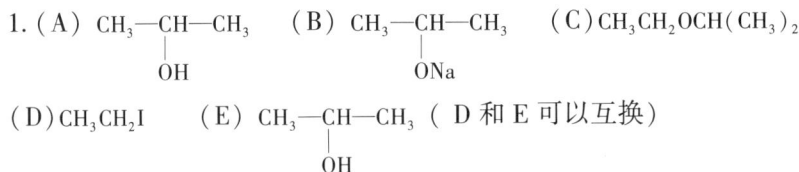

1. (A) CH₃—CH—CH₃   (B) CH₃—CH—CH₃   (C) CH₃CH₂OCH(CH₃)₂
            | |
            OH   ONa

(D) CH₃CH₂I   (E) CH₃—CH—CH₃ (D 和 E 可以互换)
                          |
                          OH

【解析】(B)→(C)的反应为威廉森合成；(C)→(D)+(E)的反应为亲核取代反应，级别小的烷基发生碘代。

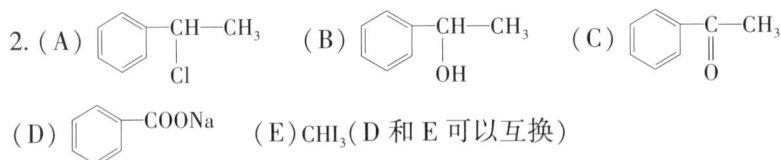

2. (A) ⬡CH—CH₃   (B) ⬡CH—CH₃   (C) ⬡C—CH₃
         | | ‖
         Cl   OH   O

(D) ⬡COONa   (E) CHI₃(D 和 E 可以互换)

【解析】(A)烷基苯的卤代发生在 α-C 上；(C)→(D)+(E)为碘仿反应。

六、推导结构(15 分，每个答案 3 分)

1. CH₃CH=CHCH₃

【解析】在没有过氧化物时，HBr 与烯烃的加成遵循马氏规则；而在有过氧化物时，遵循反马氏规则。因此，如果无论是否存在过氧化物都只能得到一种一溴代物，那么该烯烃的结构必须是对称的单烯烃，且与 Br₂ 为 1∶1 反应，$n_{烯}=n_{溴}$。

Br₂ 的摩尔质量约为 159.8 g/mol，则 2 g Br₂ 的摩尔数 $n_{Br_2}=m_{Br_2}/M_{Br_2}=2\div159.8\approx0.0125$ mol。0.7 g 单烯烃摩尔质量 $M_{烯}=m_{烯}/n_{烯}=0.7\div0.0125=56$ g/mol。单烯相对分子质量为 56。由 C 和 H 相对原子质量分别为 12 和 1，易知单烯应为 C₄H₈。考虑到对称性，符合条件的烯烃是 CH₃CH=CHCH₃ 。

2. (A) 环己烯=CH$_2$ (B) 环己烯—CH$_3$ (C) 环己烷（CH$_3$/Br/Br） (D) 环己二烯—CH$_3$

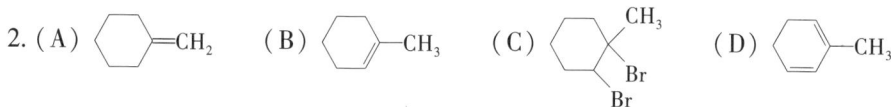

【解析】C 与 KOH 的乙醇溶液共热发生了卤代烃的消除反应生成 D，由于 C 为邻二卤代的环状结构，所以消除时生成共轭二烯烃 D 环己二烯—CH$_3$。此题也可通过 B 和 D 的 O$_3$ 氧化还原水解产物间接证明其结构的准确性。

七、合成题（10 分，每小题 5 分）

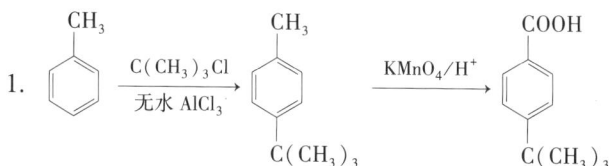

1. 甲苯 $\xrightarrow[\text{无水 AlCl}_3]{\text{C(CH}_3)_3\text{Cl}}$ 对叔丁基甲苯 $\xrightarrow{\text{KMnO}_4/\text{H}^+}$ 对叔丁基苯甲酸

【解析】本题目标产物是在苯环上分别引入烷基和羧基。烷基可通过傅克烷基化反应引入，羧基可氧化原料甲苯中的甲基而得到。接下来要思考的问题是，先引入烷基还是先氧化甲基。原料甲苯中苯环上原有的甲基是邻、对位定位基，而氧化后的羧基是间位定位基，本题需要得到的是对位产物，所以要先通过傅克烷基化反应在甲基的对位引入烷基，然后再氧化甲基得到最终的产物。

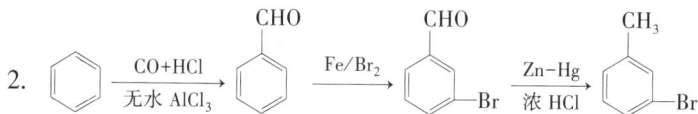

2. 苯 $\xrightarrow[\text{无水 AlCl}_3]{\text{CO+HCl}}$ 苯甲醛 $\xrightarrow{\text{Fe/Br}_2}$ 间溴苯甲醛 $\xrightarrow[\text{浓 HCl}]{\text{Zn-Hg}}$ 间溴甲苯

【解析】本题目标产物是在苯环上分别引入 —Br 和 —CH$_3$，但是 —Br 和 —CH$_3$ 都是邻对位定位基，而本题的目标产物是间位的，所以思考方向是：要先引入一个间位定位基，且此间位定位基能定 —Br 的间位且能被还原成 —CH$_3$。

本科生期末考试模拟试题二

一、单项选择题（25 分，每小题 1 分）

1. D 【解析】与 NaHSO$_3$ 的反应活性，醛比酮活泼。

2. D 【解析】羧酸分子间可以形成两个氢键，因此沸点较醛、醇、酮高。

3. D 【解析】因为 HCN 酸性较弱，CN$^-$ 的亲核性强，易与双键发生亲核加成。

4. D 【解析】C$_2$ 差向异构体指的是第二个碳原子结构不同。

5. A 【解析】吡咯是五元杂环化合物，属富电子芳环，反应活性相当于苯酚或苯胺；吡啶是六元杂环化合物，属缺电子芳环，反应活性相当于硝基苯。

6. D 【解析】考查克莱门森还原。

7. C 【解析】FeCl$_3$ 水溶液可以与苯酚反应生成蓝紫色络合物。

8. A 【解析】萘环的 α 位是活性位置，—OH 活化自身所在环的 α 位。

9. C 【解析】羧酸衍生物中，酰卤的反应活性最强，共轭诱导效应使得碳-氯键易断裂。

10. C 【解析】取代环己烷的椅式构象中，大的、多的基团在 e 键上更稳定。

11. C 【解析】F、Cl、Br、I 在链状的羧酸分子中，如果与羧基的相对位置相同，则 F 对羧基的酸性影响最大，酸性增强效果最好。

12. B 【解析】当羧酸的 α-C 上连有强吸电子基团时，加热可使它较顺利地脱羧。

13. C 【解析】在自由基结构中，看是否有 p-π 共轭效应，p-π 共轭效应越多自由基结构越稳定。

14. D

15. A 【解析】联苯型化合物具有手性需要同一个苯环上的 2 位、6 位(或 2′位、6′位)连有互不相同的原子或基团。

16. C 【解析】该分子中含有两个不相同的手性碳原子，分子具有手性；—Br 和 —CH$_3$ 处于环平面的上下两侧，具有顺反异构现象。

17. C 【解析】Br 原子上的孤对电子可与 π 键形成 p-π 共轭，—CH$_3$ 及环上的 C—H σ 键可与 π 键形成 σ-π 超共轭。

18. B 【解析】考查 $4n+2$ 休克尔规则。

19. C 【解析】O、H 电负性相差最大，因而共价键极性最强。

20. C 【解析】变旋的原因是糖从 α-构象变为 β-构象或由 β-构象变为 α-构象。蔗糖为果糖葡萄糖苷，右边为果糖，无 β-构象(有五元、六元两种 α-环状半缩酮异构体)，因此无变旋性。

21. C

22. D

23. D 【解析】C$_8$H$_{18}$ 是非极性溶剂，最难溶解离子型化合物。

24. B 【解析】—COOH 是强吸电子基团，分散了氧负离子的负电荷，体系变得稳定。

25. A 【解析】吡咯是富电子芳环，易于发生亲电取代反应，取代反应发生在 α 位。

二、填空题(15 分，每空 1 分)

1. 浓 NaOH

2. 0~5℃

3. 缩醛 【解析】该反应可生成环状缩醛。

4. 加浓 H$_2$SO$_4$ 【解析】噻吩可与浓 H$_2$SO$_4$ 反应，生成物溶于浓 H$_2$SO$_4$。

5. —OH > —COOH > —CH$_3$ > —H 【解析】考查顺序规则。

6. sp 【解析】三键碳原子是 sp 杂化的。

7. 酯缩合反应/克莱森酯缩合

8. 左旋 【解析】"–"表示物质的旋光活性为左旋。

9. 酰胺类

10. 同一分子 【解析】分别用"横顺 S，竖顺 R"和 R/S 构型法的定义判定两个结构的构型。

11. $C_6H_5CH=CHCH_3$　【解析】该反应为克莱门森还原，只能将羰基还原为亚甲基。

12. 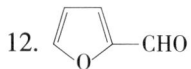—CHO　【解析】糠醛的系统名称是 α-呋喃甲醛。

13. $HOCH_2CH_2NH_2$

14. 　【解析】大的基团、多的基团安排在 e 键上结构更稳定。

15. 热力学

三、判断题(10 分, 每小题 1 分)

1. ✕　【解析】环己烷的椅式构象和船式构象都不具有角张力。

2. ✕　【解析】内消旋体是一种分子，其内含有 2 个手性碳原子，同时还具有一个平面对称因素，即不具有光活性，且不能分离成具有光活性的化合物。所以，分子内有无对称性是判断的关键。

3. ✓　【解析】π 键属于不饱和键，容易断裂，比 σ 键活泼，所以烯烃比相应的烷烃化学性质活泼。

4. ✓　【解析】单分子亲核取代反应历程速度只与卤代烃浓度有关。

5. ✓　【解析】亲核试剂是碱，既可以进攻卤代烃或醇分子中带正电荷的 α-C 发生亲核取代，也可以进攻 β-C 上的 H 原子发生消除反应。

6. ✕　【解析】羰基上发生的加成反应是亲核试剂首先进攻带有正电性的羰基碳，发生亲核加成反应。

7. ✕　【解析】非对映体是指构造相同但不呈镜像对映关系的立体异构体。

8. ✓　【解析】α-C 形成的自由基与烯烃双键中的 π 键或苯环的环状大 π 键形成 p-π 共轭效应。

9. ✓　【解析】一个醇分子中的烷氧基负离子进攻另一个醇分子中的 α-C 正离子，发生亲核取代反应。

10. ✓　【解析】缩醛就是胞二醚或环二醚结构，因此性质与醚相似，对碱、氧化剂和还原剂都很稳定。

四、排列顺序题(10 分, 每小题 2 分)

1. D>A>B>C　【解析】脂肪族胺的碱性大于氨气大于芳香族胺。吡啶中 N 原子是 sp^2 杂化的，因此 N 原子上的孤对电子碱性小于氨气中 N 原子上孤对电子的碱性(氨气中 N 原子是 sp^3 杂化的)。苯胺中 N 原子中孤对电子参与苯环共轭，给电子能力弱于吡啶。

2. A>B>D>C　【解析】形成酯的酚的酸性越强，水解反应活性越强。

3. A>B=D>C　【解析】同碳数，醇由于存在分子间氢键，沸点高于醛；同分异构体的醇，碳链支链越多沸点越低。

4. D>A>B>C　【解析】考查顺序规则。

5. D>A>B>C　【解析】卤代烃生成的碳正离子中间体越稳定，发生 S_N1 反应时速度越快。

五、完成下列转化(15分，每空1.5分)

1.（A）$CH_3CH_2CH_2Br$　（B）$CH_3CH_2CH_2MgBr$　（C）$CH_3CH_2CH_2CH_2OH$　（D）Cu，325℃

【解析】（A）反应为反马氏规则；（B）反应是格氏试剂的制备；（D）反应是氧化反应，加热的铜网催化醇脱氢。

2.（A）CH_3MgBr　（B）Na

【解析】（A）是格氏试剂与酮的反应；（B）反应为威廉森合成。

3.（A）$ClCH_2COOH$　（B）$CNCH_2COOH$　（C）$HOOCCH_2COOH$　（D）$H_5C_2OOCCH_2COOC_2H_5$

【解析】（A）羧酸在红磷、日光、单质 I_2 的催化下，与卤素发生 α-H 的卤代反应。（B）—Cl 被 —CN 取代。（C）—CN 在酸性水溶液中生成羧酸。（D）为酯化反应。

六、推导结构(15分，每个答案2.5分)

1. A. ⬡—O—CH₂—CH=CH₂　B. ⬡—OH　C. I—CH₂—CH=CH₂

【解析】经计算，A 分子结构中有 5 个不饱和度，推导 A 的结构中可能有苯环，能与 Br_2/CCl_4 反应使其褪色，表明有双键或环丙烷的结构。由于 A 中有 1 个氧原子，不与金属 Na 作用，且 A 与 HI 作用可生产 B 和 C，表明 A 中有醚键存在。B 能与 $FeCl_3$ 发生显色反应，与溴水反应产生白色沉淀，表明 B 是个酚，含有苯环结构，C 为最多有 3 个碳原子的碘代烃。C 作为卤代烃能使 Br_2/CCl_4 褪色，室温下与 $AgNO_3/C_2H_5OH$ 溶液作用可迅速生成沉淀，表明 C 既有不饱和键又是三级卤代烃或者烯丙基型的卤代烃。由于 C 最多只含有 3 个碳原子，所以 C 的结构只能为 I—CH₂—CH=CH₂。A 在 HI 作用下生成 B、C 的方程式为 ⬡—O—CH₂—CH=CH₂ $\xrightarrow{HI}$ ⬡—OH ＋ I—CH₂—CH=CH₂。

2. A. ⬡—CH—CH₂—CH₃（NH₂）　B. H₂N—⬡—CH—CH₃（CH₃）　C. NC—⬡—CH—CH₃（CH₃）

【解析】A 可与 HNO_2 反应放出 N_2，产物中有醇生成，证明 A 的结构中含有 1 个 —NH₂，并且为脂肪胺；由于 —NH₂ 会使有机物分子结构增加 1 个 H 原子，不饱和度 $\Omega = [(2×9+2)-(13-1)]/2 = 4$，4 个不饱和度表明含有一个苯环。有旋光性的 A 可能的结构为 ⬡—CH—CH₂—CH₃（NH₂）、H₃C—⬡—CH—CH₃（NH₂）和 ⬡—CH₂—CH—CH₃（NH₂），但 —NH₂ 通过与 HNO_2 反应变成 —OH 后，只有第一个分子不含 CH₃—CH—（OH）结构，不能发生碘仿反应。B 在低温条件下与 HNO_2 反应生成一种重氮盐，证明 B 是芳香胺，含有 ⬡—NH₂ 结构。经不饱和度计算可知，B 结构中苯环外其他 3 个碳原子无不饱和度，且 B 经 CuCN/KCN 反应产物水解和氧化后可得到对苯二甲酸，表明 —NH₂ 和 3 个碳原子组成的 1 个烷基处于对位结构，则 B 可能的结构为 H₂N—⬡—CH₂—CH₂—CH₃ 或 H₂N—⬡—CH—CH₃（CH₃）。B 生成

的重氮盐与 CuCN/KCN 反应得 C，C 为 $NC-\!\!\!\bigcirc\!\!\!-CH_2-CH_2-CH_3$ 或 $NC-\!\!\!\bigcirc\!\!\!-\underset{\underset{CH_3}{|}}{CH}-CH_3$；

C 在光照条件下与等量的 Br_2 反应前者得到的产物 $NC-\!\!\!\bigcirc\!\!\!-\underset{\underset{}{}}{\overset{\overset{Br}{|}}{CH}}-CH_2-CH_3$，有光学活

性，后者得到的产物 $NC-\!\!\!\bigcirc\!\!\!-\underset{\underset{CH_3}{|}}{\overset{\overset{Br}{|}}{C}}-CH_3$，无光学活性。以上分析的相关反应方程式为

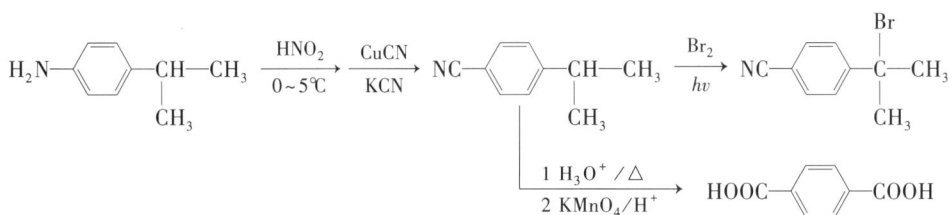

七、合成题（10 分，每小题 5 分）

1.

【解析】本题目标产物是在原料环戊烷的基础上增加了乙酰基，产物是酮。此题从酮的制备这个方向进行思考，且产物比原料增加了碳链，可以考虑采用炔烃的水合反应。根据逆合成分析方法，目标产物 $\bigcirc-COCH_3$ 的前一步的炔烃就应该是 $\bigcirc-C\equiv CH$，化学键在环戊烷与 $-C\equiv CH$ 之间断键，前体化合物应该是卤代烃 $\bigcirc-Cl$ 和 $HC\equiv CNa$，$\bigcirc-Cl$ 可由环戊烷光照条件下氯代而得到。

2.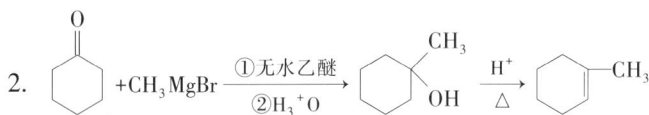

【解析】本题目标产物中引入了碳碳双键，碳碳双键一般通过卤代烃的消除反应或者醇的消除反应而得到。观察本题中给的原料是酮，酮与格氏试剂反应可制备醇。通过这一思路，即可写出合理的合成路线。

本科生期末考试模拟试题三

一、单项选择题（25 分，每小题 1 分）

1. D

2. B 【解析】考查顺序原则，即原子序数大的基团为优先基团。

3. C 【解析】端基炔烃与 $AgNO_3$ 的氨水溶液反应生成沉淀。

4. C

5. A

6. B   【解析】萘具有芳香性，α-萘酚也具有芳香性，其余 3 个选项均不符合 $4n+2$ 休克尔规则

7. C   【解析】碳原子与 2 个原子或基团相结合时为 sp 杂化，与 3 个原子或基团相结合时为 sp^2 杂化。

8. D   【解析】苯环与单质 Br_2 发生反应需加铁粉或三卤化铁作催化剂，环己烷与单质 Br_2 发生反应需要有光照条件。

9. B   【解析】分子中含有 CH_3CO— 或 CH_3CHOH— 结构的化合物可发生碘仿反应。

10. B   【解析】$FeCl_3$ 可与具有烯醇式的苯酚反应生成蓝紫色的络合物，而与苯胺不反应。

11. A   【解析】考查 $4n+2$ 休克尔规则。

12. C   【解析】考查克莱森酯缩合。

13. A

14. C   【解析】该反应要求分子结构中含有完整的氨基。

15. A

16. D   【解析】格氏试剂制备过程要避免体系中有活泼 H。

17. D   【解析】扎依切夫规则用于判断卤代烃或醇的消除反应取向。

18. A   【解析】C_1、C_2 不同(也可以有一个是相同的)的醛糖或酮糖可以生成相同的糖脎。

19. C

20. A

21. A

22. B

23. D

24. D   【解析】考查克莱门森还原。

25. B

二、填空题(10 分，每空 1 分)

1. 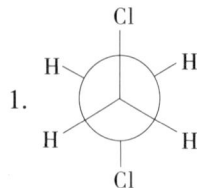   【解析】对位交叉式最稳定。

2. 新戊烷   【解析】烷烃的同分异构体中，支链越多沸点越低。

3. 马氏

4. R；$2S$，$3R$ 【解析】考查顺序规则和"横顺 S，竖顺 R"。

5. 瓦尔登翻转

6. 糠醛

7. 手性分子

8. $KMnO_4$ 【解析】环烷烃不能与 $KMnO_4$ 反应。

9. 链引发、链增长、链终止

三、排列顺序题(10分,每小题2分)

1. A>C>B>D

2. A>D>C>B 【解析】两个羧酸分子之间可以形成两个氢键;两个醇分子之间可以形成一个氢键;醛分子之间不能形成氢键,碳氧双键是不饱和极性共价键;醚分子之间不能形成氢键,碳氧键是饱和极性共价键,极性比碳氧双键差。

3. C>D>B>A 【解析】甲基是致活的邻、对位定位基;硝基是致钝的间位定位基,是强致钝基团;溴是致钝的邻对位定位基,是弱致钝基团。

4. D>B>C>A 【解析】在 S_N1 反应历程中,生成的碳正离子中间体越稳定,S_N1 反应活性越强。

5. B>D>A>C 【解析】醛的反应活性比酮强,丙酮的反应活性强于环己酮。

四、判断题(10分,每小题分)

1. × 【解析】酒石酸的内消旋体结构中含有两个手性碳,不具有手性。

2. √ 【解析】羧酸衍生物包括了酰卤、酸酐、酯和酰胺,只有酰胺分子中具有可以形成氢键的羰基氧和活泼的 N–H 中的 H。所以只有酰胺可以形成分子间氢键。

3. √ 【解析】乙醚可与浓 H_2SO_4 反应生成锌盐而溶于浓 H_2SO_4,石油醚是烷烃混合物,不能与浓 H_2SO_4 反应。

4. √ 【解析】谷氨酸是 α-氨基戊二酸,在 pH 值为 7 的水溶液中以谷氨酸负离子形式存在,需要往体系中加酸才能使谷氨酸以偶极离子形式存在,即达到谷氨酸等电点 pI,因此等电点小于 7。

5. √ 【解析】葡萄糖为醛糖,能与溴水反应生成葡萄糖酸,使溴水褪色;果糖是酮糖,不能与溴水反应。

6. × 【解析】氯苯属于苯型卤代烃,不能与 $AgNO_3$ 的醇溶液反应。

7. × 【解析】只有符合 $4n+2$ 休克尔规则的杂化环化合物才有芳香性。

8. √ 【解析】含有 α-H 的醛在稀碱作用下发生羟醛反应。

9. × 【解析】左侧的甲基碳是 sp^3 杂化。

10. √ 【解析】具有芳香性的杂环化合物中,电子云分布没有苯环上电子云分布均匀。

五、完成下列反应(15分,每空 1.5分)

1. (A)CH_3Cl (B)无水 $AlCl_3$ (C)$h\nu$ (D)OH^-

【解析】(A)为傅克反应;(C)烷基苯中烷基发生卤代反应需要光照条件。

2. (A)HBr/H_2O_2 (B)OH^- (C)CH_3CH_2CHO

【解析】(A)需遵循反马氏规则;(C)醇在烧红的铜网催化条件下脱氢。

3. (A)$CH_3CH_2CH_2CN$ (B)$CH_3CH_2CH_2CH_2NH_2$ (C)$CH_3CH_2CH_2CH_2\overset{+}{N}H_3 \cdot Cl^-$

【解析】(B)反应氰基催化脱氢生成胺;(C)胺与 HCl 反应生成季铵盐。

六、推导结构(15分,每个答案 2.5分)

1. A. $H_3C-\overset{\displaystyle OH}{\underset{|}{C}H}-CH_2-COOH$ B. $H_3C-HC=CH-COOH$ C. $H_3C-\overset{\displaystyle O}{\overset{\|}{C}}-CH_3$

【解析】经计算，化合物 A 含有 1 个不饱和度，能与 $NaHCO_3$ 反应放出 CO_2，说明含有—COOH；A 加热可得到分子式为 $C_4H_6O_2$ 的化合物 B，表明 A 结构中含有—OH；加热发生了脱水反应生成了 B，推导 A 结构为 β-羟基酸：$H_3C—\overset{OH}{\underset{}{HC}}—CH_2—COOH$，是个手性分子。$\beta$-羟基酸 A 加热发生分子脱水反应生成 $H_3C—HC\!=\!CH—COOH$，即 B。A 在酸性 $K_2Cr_2O_7$ 的条件下加热，可得到化合物 C，反应为

$$H_3C-\overset{OH}{\underset{(A)}{HC}}-CH_2-COOH \xrightarrow{K_2Cr_2O_7/H^+} H_3C-\overset{O}{\overset{\|}{C}}-CH_2-COOH \xrightarrow{\triangle} H_3C-\overset{O}{\overset{\|}{\underset{(C)}{C}}}-CH_3 +CO_2,$$

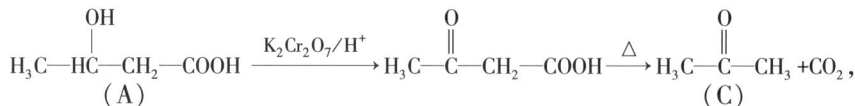

因此 C 为丙酮，能发生碘仿反应。

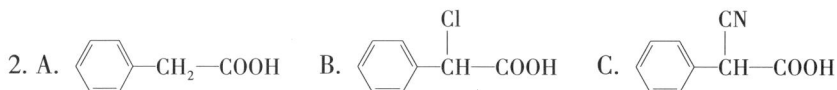

2. A. ⬡—CH_2—COOH   B. ⬡—$\overset{Cl}{\underset{}{CH}}$—COOH   C. ⬡—$\overset{CN}{\underset{}{CH}}$—COOH

【解析】经计算，化合物 A 含有 5 个不饱和度，可能含有苯环结构(4 个不饱和度)，A 能与 $NaHCO_3$ 反应，表明 A 结构中含有羧基，则 A 的可能结构为 ⬡—CH_2—COOH 或 H_3C—⬡—COOH。A 在光照的条件下与 Cl_2 反应得到具有光学活性的 B，发生了以下反应为 $\underset{(A)}{⬡—CH_2—COOH} \xrightarrow[hv]{Cl_2} \underset{(B)}{⬡—\overset{Cl}{\underset{}{CH}}—COOH}$。B 与 NaCN 反应得到 C，C 在酸性水溶液中加热水解，反应如下：

$$\underset{(B)}{⬡-\overset{Cl}{\underset{}{CH}}-COOH} \xrightarrow{NaCN} \underset{(C)}{⬡-\overset{CN}{\underset{}{CH}}-COOH} \xrightarrow[\triangle]{H_3O^+} ⬡-\overset{COOH}{\underset{}{CH}}-COOH$$

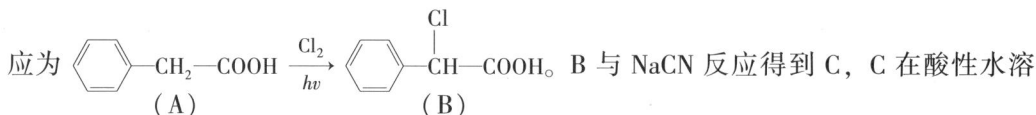

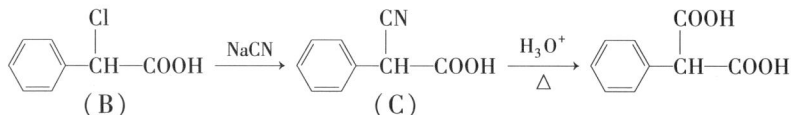

七、合成题(15 分，每小题 5 分)

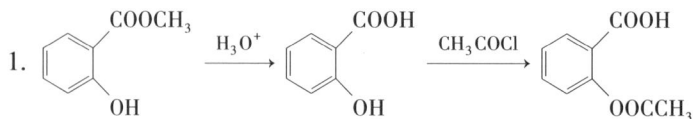

1. $\underset{OH}{⬡}\overset{COOCH_3}{} \xrightarrow{H_3O^+} \underset{OH}{⬡}\overset{COOH}{} \xrightarrow{CH_3COCl} \underset{OOCCH_3}{⬡}\overset{COOH}{}$

【解析】本题目标产物是由原料化合物苯环上的 2 个基团发生相应的变化而得到的。其中一个变化利用的反应是酯水解得到羧酸，另一个变化利用的反应是酚与酰卤作用生成酯。

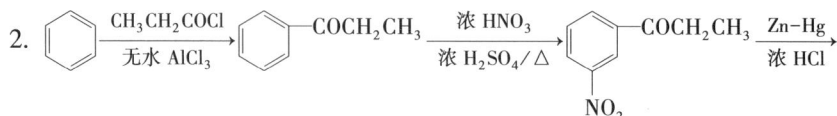

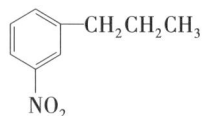

2. ⬡ $\xrightarrow[\text{无水 } AlCl_3]{CH_3CH_2COCl}$ ⬡—$COCH_2CH_3$ $\xrightarrow[\text{浓 } H_2SO_4/\triangle]{\text{浓 } HNO_3}$ $\underset{NO_2}{⬡}$—$COCH_2CH_3$ $\xrightarrow[\text{浓 } HCl]{Zn-Hg}$

$\underset{NO_2}{⬡}$—$CH_2CH_2CH_3$

【解析】本题目标产物是在苯环上分别引入烷基和硝基。如果直接利用傅克反应引

入烷基，3 个碳的正丙基会发生碳链异构而重排成异丙基，因此，不能直接用傅克反应。那么，可以先利用傅克反应引入酰基再对羰基进行还原。硝基可通过硝化反应来引入。接下来的问题就是先引入硝基还是先引入酰基。从定位角度考虑，酰基和硝基都是间位定位基，符合本题要求。但是，引入酰基的傅克反应的前提是苯环上不能有硝基等强致钝基团。综合以上的分析，本题的第一步先利用傅克反应引入酰基。然后第二步是先引入硝基还是先还原羰基呢？如果先还原羰基，丙酰基被还原成正丙基，正丙基是邻、对位定位基，那么将得不到间位的产物，因而第二步应该先硝化反应引入硝基，最后再还原羰基。

3.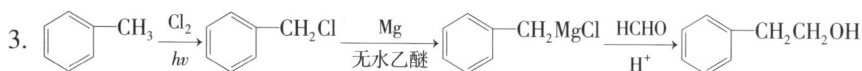

【解析】本题的目标产物是伯醇，可由 HCHO 与格氏试剂制备。甲苯在光照条件下卤代，然后制备成格氏试剂即可。

本科生期末考试模拟试题四

一、单项选择题(25 分，每小题 1 分)

1. B 【解析】考查 IUPAC 命名法。

2. A

3. B 【解析】考查"横顺 S，竖顺 R"和顺序规则。

4. C 【解析】2 个分子只有 C_2 结构不同。

5. B 【解析】大的原子或基团呈对位交叉式，分子最稳定。

6. B

7. D 【解析】邻硝基酚只能形成分子内氢键，对硝基酚形成分子间氢键，因此沸点较高。

8. C 【解析】C 项不具有平面结构。

9. D 【解析】生成的碳正离子中间体越稳定，越容易发生 S_N1 反应。

10. A

11. B 【解析】$FeCl_3$ 可与具有烯醇式结构的苯酚生成六酚合铁络离子，呈蓝紫色；$FeCl_3$ 与环己醇不能反应。

12. C 【解析】乙醛既具有乙酰基又是醛，可发生碘仿反应，也可与 $NaHSO_3$ 反应。

13. C 【解析】因为该分子中具有对称因素，不具有手性。

14. C 【解析】分子中具有 CH_3CO— 或 $CH_3CH(OH)$— 结构的化合物能发生碘仿反应。

15. B

16. D

17. B 【解析】化合物的 C_1、C_2 不同，其他碳的结构或构型相同，就能生成相同的糖脎。

18. C 【解析】手性分子的立体异构体数目为 2^n（n 为手性碳个数，两个手性碳不同）。

19. B 【解析】季铵碱的碱性相当于 NaOH 的碱性。

20. D 【解析】环烷烃不能与 $KMnO_4$ 反应；烷基苯中与苯环相连的 $\alpha\text{-C}$ 上没有 H，则不能与 $KMnO_4$ 反应。

21. D

22. A

23. B

24. D 【解析】分子中原子或基团的连接方式不同，称为构造异构。

25. B 【解析】不含 $\alpha\text{-H}$ 的醛在浓碱的作用下发生歧化反应。

二、填空题(15 分，每空 1 分)

1. 连有 4 个互不相同的原子或基团的

2. 两个双键碳所连的优先基团处于双键平面同一侧

3. 丁烷

4. 大于

5. 浓 HI 加热

6. 5-甲基萘酚

7. 稀碱

8. 两个或两个以上连续酰胺键

9. 脱羧(霍夫曼降解)

10.

11. 小 【解析】氨基酸在等电点时对外不显电性，溶解度最小，在水溶液中沉淀出来。

12. 醇

13. 木精

14.   【解析】沃尔夫-凯惜纳-黄鸣龙反应。

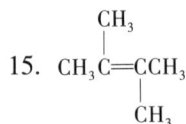

15.

三、排列题(10 分，每小题 2 分)

1. D>A>B>C 【解析】烷烃分子中，碳原子个数越多，沸点越高；碳原子个数相同，支链越多，沸点越低。

2. C>A>B>D 【解析】脂肪族胺的碱性大于氨气大于芳香族胺。苯甲酰胺属于酰胺类化合物，其中羰基是吸电子基，因此酰胺类化合物几乎不显碱性，有的甚至显弱酸性。

3. A>B>C>D

4. B>A>C>D　【解析】—OH 是致活的邻对位定位基；—Br 是邻对位定位基，是弱致钝基团；—SO$_3$H 是间位定位基，是强致钝基团。

5. A>C>B>D　【解析】—F、—Cl 看原子的电负性，—C$_6$H$_5$ 的碳原子是 sp^2 杂化，—CH$_3$ 的碳原子是 sp^3 杂化。

四、判断题（10 分，每小题 1 分）

1. √

2. ×　【解析】氨基酸分子中氨基和羧基的电离程度是不相同的，即使是中性氨基酸，两个基团的电离程度也不相同，其中羧基的电离程度略大于氨基，体系中需要加酸调溶液的 pH 使氨基酸成为偶极离子，即到达氨基酸的等电点 pI。中性氨基酸的等电点范围是 5.0~6.5。

3. ×　【解析】酒石酸的内消旋体不具有旋光性，不属于旋光异构体。

4. ×　【解析】以谷氨酸的负离子形式存在。

5. √　【解析】乙炔分子中的碳是 sp 杂化，电负性大于乙烯分子中的 sp^2 杂化的碳原子的电负性，因此乙炔的酸性大于乙烯的酸性。

6. ×　【解析】其他一些芳环如萘环、杂环等也可发生亲电取代反应。

7. √　【解析】此反应为威廉森合成法。

8. ×　【解析】亲电试剂加到富电子的碳上。

9. ×　【解析】苯环上有强致钝基团时，傅克烷基化反应不能发生。

10. √　【解析】与—OH 直接相连的 α-C 上至少有一个 H 原子即可发生碘仿反应。

五、完成下列反应（15 分，每空 1.5 分）

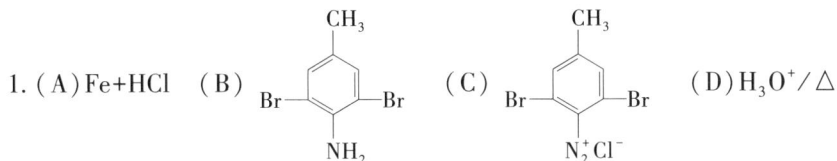

1. （A）Fe+HCl　（B）<structure>　（C）<structure>　（D）H$_3$O$^+$/△

【解析】（B）氨基是致活的邻、对位定位基；（C）为重氮化反应。

2. （A）CH$_3$COOH　（B）PCl$_3$/PCl$_5$/SOCl$_2$　（C）NH$_3$　（D）NaOH + Br$_2$

【解析】（D）反应为霍夫曼降解。

3. （A）CH$_3$CHO　（B）OH$^-$

【解析】（B）为羟醛反应。

六、推导结构（15 分，每个答案 3 分）

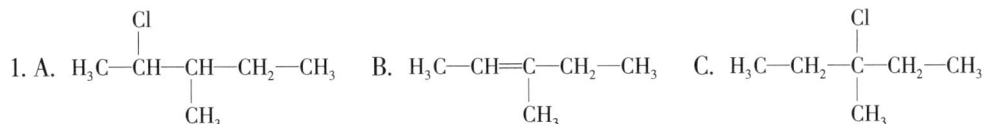

1. A. <structure> B. <structure> C. <structure>

【解析】由分子式 C$_6$H$_{13}$Cl 可知，A 为饱和的卤代烃；与 AgNO$_3$/C$_2$H$_5$OH 溶液作用放置一段时间生成白色沉淀，可知 A 为二级卤代烃；与 NaOH/C$_2$H$_5$OH 溶液作用生成分子式为 C$_6$H$_{12}$ 的主产物 B，说明 A 发生了卤代烃的消除反应，脱 HCl 生成了烯烃 B。

B 经 $KMnO_4$ 氧化后可得到丁酮和乙酸，可知 B 发生了以下反应：

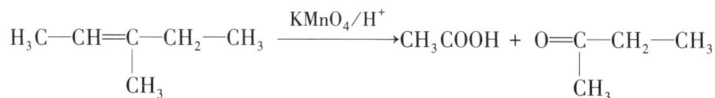

$$H_3C-CH=C-CH_2-CH_3 \xrightarrow{KMnO_4/H^+} CH_3COOH + O=C-CH_2-CH_3$$
$$\qquad\qquad CH_3 \qquad\qquad\qquad\qquad\qquad\qquad\qquad CH_3$$

由 B 反推 A，由于 A 为二级卤代烃，可知 A 的结构为 $H_3C-CH-CH-CH_2-CH_3$，B 与
（带 Cl 和 CH_3 取代基）

HCl 加成可得 C 为 $H_3C-CH_2-C-CH_2-CH_3$（带 Cl 和 CH_3 取代基），与 A 为同分异构体。

2. A. $H_3C-HC-CH_2-CH=CH_2$（带 OH）　　B. $H_3C-C-CH_2-COOH$（带 O）

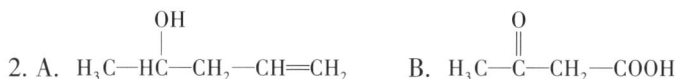

【解析】此题可先推断 B 的结构。经计算 B 有两个不饱和度，B 能发生碘仿反应，证明
含有 CH_3-C- 或 CH_3-CH-（带 O、OH）；能使 $FeCl_3$ 显色证明 B 含有 $-C-CH_2-C-$（带 O、O）；B 还能与 $NaHCO_3$
反应放出 CO_2，证明 B 含有 $-COOH$。把上述几个结构组合成 B 为 $H_3C-C-CH_2-COOH$（带 O）。化合
物 A 结构中有一个不饱和度，但 A 能和乙酸作用生成酯，证明 A 是醇，进而可知 A 分子的
烷基结构中有一个不饱和度。A 被 $KMnO_4$ 氧化可生成分子式为 $C_4H_6O_3$ 的物质 B 和 CO_2，说
明 A 发生了两个反应，第一个是 $-CH-$（带 OH）$\xrightarrow{KMnO_4/H^+}$ $-C-$（带 O），另外一个是 $-CH=CH_2$
$\xrightarrow{KMnO_4/H^+}$ $-COOH +CO_2$。根据 B 的结构反推 A 的结构为 $H_3C-HC-CH_2-CH=CH_2$（带 OH）。

七、合成题（10 分，每小题 5 分）

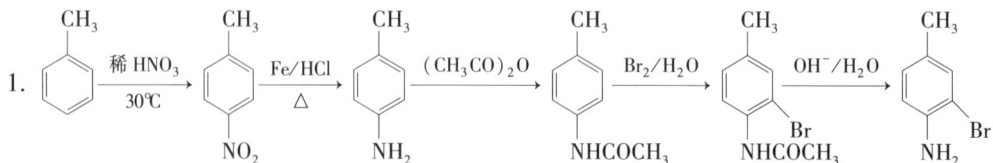

1.

【解析】本题的目标产物是在起始原料甲苯的 $-CH_3$ 的间位引入 $-Br$，对位引入
$-NH_2$。由于 $-CH_3$ 是邻对位定位基，所以先引入对位的取代基，通过硝化反应引入
$-NO_2$，再通过还原 $-NO_2$ 得到 $-NH_2$。$-CH_3$ 和 $-NH_2$ 都是邻对位定位基，且 $-NH_2$ 定位
能力比 $-CH_3$ 强，引入 $-Br$ 应在 $-NH_2$ 的邻位，但是 $-NH_2$ 是强致活基团，左右两侧邻位
上的氢都将被取代，因此可将苯胺先乙酰化，由于乙酰氨基（$-NHCOCH_3$）的致活能力远
弱于氨基，可采用此方法合成单取代的苯胺。

2. $CH_3CH_2OH \xrightarrow[\text{浓 } H_2SO_4]{NaBr} CH_3CH_2Br \xrightarrow[\text{无水乙醚}]{Mg} CH_3CH_2MgBr$

$CH_3CH_2OH \xrightarrow[CH_2Cl_2]{CrO_3, \text{ 吡啶}} CH_3CHO \xrightarrow[H_2O/H^+]{CH_3CH_2MgBr} \underset{\underset{OH}{|}}{CH_3CHCH_2CH_3}$

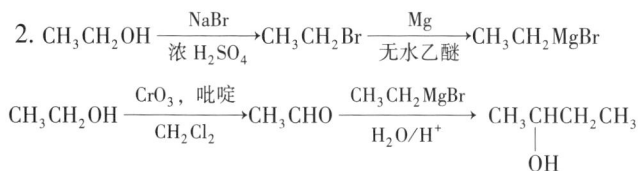

【解析】本题的目标产物是仲醇，仲醇可由醛与格氏试剂制备，因此本题的两个前体产物即为乙醛和 CH_3CH_2MgBr。乙醛由乙醇氧化即可，但要注意氧化剂的选择。CH_3CH_2MgBr 由乙醇发生亲核取代反应生成溴乙烷即可制备。

本科生期末考试模拟试题五

一、单项选择题(25 分，每小题 1 分)

1. B 【解析】A 选项主链选的不对，C、D 选项中甲基位次标注的不对，另外没有环戊炔这种有机物。

2. D

3. C 【解析】B 和 D 选项是醇分子，可以形成分子间氢键，沸点较高。A 和 C 选项是醛分子，不能形成分子间氢键，沸点较低，A 选项中的苯甲醛分子量大，沸点比甲醛高，故答案选 C。

4. B 【解析】具有几何异构的双键化合物具有两个异构体，具有手性碳的结构有两个异构体，二者同时具有产生的异构体个数是二者数量相乘。

5. D 【解析】构象的稳定性排列顺序为：对位交叉式>邻位交叉式>部分重叠式>全重叠式。

6. A 【解析】含有碳碳双键的化合物中，每一个双键碳各自含有不同的原子或基团，而且两个双键碳所连的原子或基团至少有一对相同，则该分子具有顺反异构。

7. B 【解析】具有烯醇式的化合物一般情况下都能与 $FeCl_3$ 水溶液反应显色(除一些硝基酚类与 $FeCl_3$ 水溶液反应无明显颜色变化)。

8. C 【解析】久置的乙醚中含有过氧化合物，如果不进行检测和去除，蒸馏时易发生爆炸。

9. D 【解析】反应过程中所生成的碳正离子中间体越稳定越容易发生 S_N1 反应历程。

10. D 【解析】卤代烃级别越高，说明 β-C 越多，相应的 β-H 也越多，这样就给亲核试剂较多的进攻机会，容易发生消除反应。

11. B 【解析】$FeCl_3$ 与苯酚反应显蓝紫色，而苯胺无此反应。

12. D 【解析】烯烃类化合物可以使 Br_2/CCl_4 溶液褪色。

13. A 【解析】乙酰苯胺中 N 原子上的孤对电子参与苯环的大 π 键及羰基中的 π 键共轭，电子云分散，密度下降，碱性减弱。

14. A 【解析】所有的醛、脂肪族甲基酮、8 个碳以下环酮都可与过量饱和 $NaHSO_3$

溶液反应生成白色晶体沉淀。

15. B 【解析】B 选项中氨基中 N 原子上的孤对电子与苯环上环状大 π 键发生 p-π 共轭，电子云密度下降，碱性减弱；C 选项中乙基为给电子基团，氨基上孤对电子云密度增加，碱性增强；D 选项中 N 原子是 sp^2 杂化的比 A 选项氨气中 sp^3 杂化的 N 原子电负性强，综上所述，苯胺碱性最弱。

16. A 【解析】傅克烷基化反应的条件是无水 $AlCl_3$。

17. C 【解析】4 个选项中 C 选项甘油分子中含有 3 个羟基，都能与水形成氢键，因此在水中的溶解度最大。

18. C 【解析】①2-氯丁烷存在两种立体异构体，分别为 R-2-氯丁烷和 S-2-氯丁烷。②2,3-二氯丁烷存在 4 种立体异构体，分别为 R,R-2,3-二氯丁烷、S,S-2,3-二氯丁烷、R,S-2,3-二氯丁烷和 S,R-2,3-二氯丁烷。③乳酸存在两种立体异构体，分别为 L-乳酸和 D-乳酸。④2-丁醇存在 4 种立体异构体，分别为 R-2-丁醇、S-2-丁醇、R-异丁醇和 S-异丁醇。

19. D

20. A 【解析】常温下，环烷烃不能使 $KMnO_4$ 溶液褪色。

21. B 【解析】二元羧酸较一元羧酸易脱羧；二元羧酸中，两个羧基距离越近越易发生脱羧反应。

22. D 【解析】加氢去氧叫还原，克莱门森还原法可将羰基彻底还原为亚甲基。

23. C 【解析】A 选项中的乙酰氨基是第一类定位基，属于致活的邻对位定位基；B 选项中的甲氧基也是第一类定位基，效果同 A；D 选项中噻吩属于五元杂环化合物，反应活性相当于苯酚或苯胺；C 选项吡啶属于六元杂环化合物，反应活性相当于硝基苯，故答案选 C。

24. C

25. D

二、填空题(15 分，每空 1 分)

1. 致活的邻、对位

2. 甘氨酸

3. 不具有 【解析】该结构称为轮烯，不具有平面结构，因此不具有芳香性。

4. $AgNO_3$ 的醇溶液

5. 草酸

6. 1-羟基-2-萘磺酸 【解析】萘环上的位置编号是固定的。

7. $HOCH_2CH_2NH_2$

8. 托伦试剂/斐林试剂/酸性高锰酸钾

9. $CH_3COCH_2COOC_2H_5$

10. Cl—Cl 之间的共价键 【解析】Cl—Cl 键能为 245 kJ/mol，而 C—H 键能为 413 kJ/mol。

11. 双

12. 叔

13. 焦性没食子酸

14.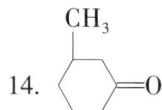

15. 丙二酸二甲酯

三、排列题(10分,每小题2分)

1. A>C>B>D 【解析】甲胺分子中甲基是给电子基团,N 原子上孤对电子云密度增加,碱性增强;苯胺分子中 N 原子上孤对电子与苯环大 π 键发生 p-π 共轭,电子云密度降低,碱性减弱;吡咯分子中 N 原子上的孤对电子与环上的 π 键发生 p-π 共轭,N 原子上电子云密度下降,N 原子上的 H 原子显酸性。

2. B>A>C>D 【解析】醛酮的亲核加成反应的活性与羰基所连基团的电子效应和空间效应相关。给电子基团和大基团均减弱反应活性。与羰基碳相连的 α-C 上的 H 被 F 原子取代,羰基碳的正电性增强,亲核加成反应活性增强。

3. A>B>C>D 【解析】羧酸衍生物中羰基与杂原子形成的共价键极性越大,对应羧酸衍生物的水解活性越高。

4. B>A>C>D

5. A>C>B>D 【解析】F 的电负性比 Br 大,Br 的电负性比碳大,B 选项中苯基上碳原子是 sp^2 杂化,电负性大于 D 选项中 sp^3 杂化的亚甲基上的碳,电负性越大,吸电子能力越强。

四、判断对错(10分,每小题1分)

1. √

2. × 【解析】六元杂环化合物吡啶的电子云密度比苯环低。

3. √ 【解析】酮式和烯醇式发生互变异构的原因有 3 个:①羰基和羧基(或酯基)双重吸电子基的影响,亚甲基上的 H 原子很活泼,容易转移到羰基上形成烯醇式结构;②烯醇式异构体中,羟基 H 原子与另一个羰基上的 O 原子或酯基双键上的 O 原子通过分子内氢键形成了一个稳定的六元环,使烯醇式结构得以稳定存在;③烯醇式中羟基、碳碳双键和碳氧双键形成了共轭体系,降低了体系的内能,因而更加稳定。

4. √

5. √

6. × 【解析】醇也可以发生亲核取代反应。

7. × 【解析】邻硝基苯酚由于形成了分子内氢键,不能与 FeCl$_3$ 反应;不同的酚与 FeCl$_3$ 反应显示不同的颜色。

8. × 【解析】吡咯分子中 N 原子上的孤对电子参与了环的共轭,体系显酸性,而吡啶分子中 N 原子上的孤对电子没有参与环的共轭,体系显示一定的碱性。

9. √ 【解析】味精的主要成分为谷氨酸钠。α-氨基酸可以和水合茚三酮反应,生成蓝紫色络合物。

10. √ 【解析】油脂的酸值指中和 1 g 油脂中的游离脂肪酸所需使用的 KOH 的毫

克数。

五、完成下列反应(15 分，每空 1.5 分)

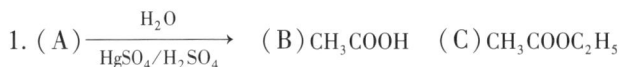

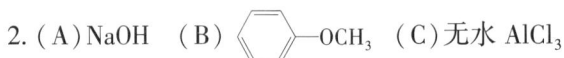

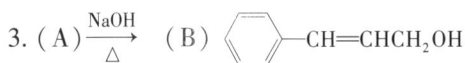

1. (A) $\xrightarrow[\text{HgSO}_4/\text{H}_2\text{SO}_4]{\text{H}_2\text{O}}$ (B) CH_3COOH (C) $\text{CH}_3\text{COOC}_2\text{H}_5$

2. (A) NaOH (B) ⬡—OCH_3 (C) 无水 AlCl_3

3. (A) $\xrightarrow[\triangle]{\text{NaOH}}$ (B) ⬡—$\text{CH}=\text{CHCH}_2\text{OH}$

【解析】(B) 反应中 LiAlH_4 不能还原碳碳双键。

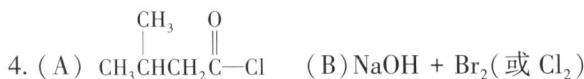

4. (A) $\underset{\text{CH}_3}{\overset{}{\text{CH}_3\text{CHCH}_2}}\overset{\text{O}}{\overset{\|}{\text{C}}}\text{—Cl}$ (B) $\text{NaOH} + \text{Br}_2$ (或 Cl_2)

六、推导结构(15 分，每个答案 3 分)

1. A. $\text{HC}\equiv\text{C—CH}_2\text{CH}_2\text{CH}_2\text{CH}_3$ B. $\text{H}_3\text{CHC}=\text{CH—CH}=\text{CHCH}_3$ C. $\text{H}_3\text{CH}_2\text{C—C}\equiv\text{C—CH}_2\text{CH}_3$

【解析】先算分子的不饱和度。对于一个化合物分子式为 C_xH_y，不饱和度 $\Omega = (2x+2-y)/2$，x 为碳原子数，$2x+2$ 是假设一个具有 x 个碳原子的碳氢化合物，在饱和时所含有的 H 原子个数，y 为给出的分子式中实际的 H 原子个数。双键结构和环结构各有一个不饱和度，三键有两个不饱和度，以此规律推断化合物可能的结构。

通过计算得知，C_6H_{10} 的不饱和度为 2。由于经催化加 H 后都能得到相同产物正己烷，说明 A、B、C 都是直链的烃。

A 与 AgNO_3 的氨溶液作用生产白色沉淀，则 A 中含有 $\text{HC}\equiv\text{C—}$ 结构，由于催化加 H 后能得到正己烷，可知 A 为 $\text{HC}\equiv\text{C—CH}_2\text{CH}_2\text{CH}_2\text{CH}_3$。

B 经 O_3 氧化再还原水解能得到 CH_3CHO 和 OHC—CHO，反应式为

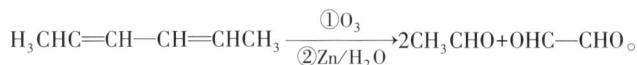

$$\text{H}_3\text{CHC}=\text{CH—CH}=\text{CHCH}_3 \xrightarrow[\text{②Zn/H}_2\text{O}]{\text{①O}_3} 2\text{CH}_3\text{CHO}+\text{OHC—CHO}。$$

C 与 HgSO_4 的稀 H_2SO_4 水溶液反应，说明 C 是一种炔烃，不与 AgNO_3 的氨溶液作用，且与 HgSO_4 的稀 H_2SO_4 水溶液反应产物只有一种，可得 C 的结构为 $\text{H}_3\text{CH}_2\text{C—C}\equiv\text{C—CH}_2\text{CH}_3$。

2. A. $\text{OHC—CH}_2\text{—CH}_2\text{—COOH}$ B. $\text{H}_3\text{C}\overset{\text{O}}{\overset{\|}{\text{—C}}}\text{—CH}_2\text{—COOH}$

【解析】经计算，化合物 A 和 B 均含有两个不饱和度。A、B 都能与 NaHCO_3 反应说明结构中含有羧基。A 可与羟胺作用，还可发生银镜反应，表明 A 结构中含有—CHO，A 还有两个饱和的碳原子，可能是 $\text{OHC—CH}_2\text{—CH}_2\text{—COOH}$ 或 $\underset{\text{CH}_3}{\overset{}{\text{CHO—CH—COOH}}}$。由于 A 无光学活性，所以 A 为前者。由于 B 能使 FeCl_3 显色，且不含苯环，则 B 分子中含有 $\overset{\text{O}}{\overset{\|}{\text{—C}}}\text{—CH}_2\overset{\text{O}}{\overset{\|}{\text{—C}}}\text{—}$ 结构，其一端为—COOH，另一端为—CH$_3$，因此，B 为 $\text{H}_3\text{C}\overset{\text{O}}{\overset{\|}{\text{—C}}}\text{—CH}_2\overset{\text{O}}{\overset{\|}{\text{—C}}}\text{—OH}$。B 催化加 H 的产物

$$H_3C-\overset{\displaystyle OH}{\underset{\displaystyle H}{C}}-CH_2-COOH$$有一个手性碳原子，具有光学活性。

七、合成题(10分，每小题5分)

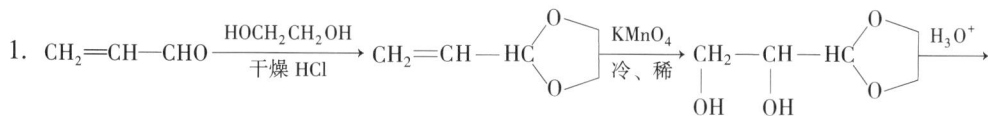

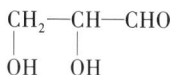

1. $CH_2{=}CH{-}CHO \xrightarrow[\text{干燥 HCl}]{HOCH_2CH_2OH} CH_2{=}CH{-}HC\underset{O}{\overset{O}{<}}\Big] \xrightarrow[\text{冷、稀}]{KMnO_4} \underset{OH}{\overset{}{CH_2}}{-}\underset{OH}{\overset{}{CH}}{-}HC\underset{O}{\overset{O}{<}}\Big] \xrightarrow{H_3O^+}$

$$\underset{OH}{\overset{}{CH_2}}{-}\underset{OH}{\overset{}{CH}}{-}CHO$$

【解析】观察目标产物与原料化合物的结构变化，发现目标产物是在原料化合物的双键左右两侧各加一个羟基，这一变化可通过 $KMnO_4$ 对烯烃的温和氧化来实现。但是，$KMnO_4$ 是氧化剂，在氧化烯烃的同时也会氧化醛基，而目标产物醛基并没发生变化，因此，在使用 $KMnO_4$ 氧化剂之前要利用缩醛反应先对醛基进行保护，然后再用 $KMnO_4$ 温和氧化烯烃，最后缩醛被酸水解进而释放出醛基。

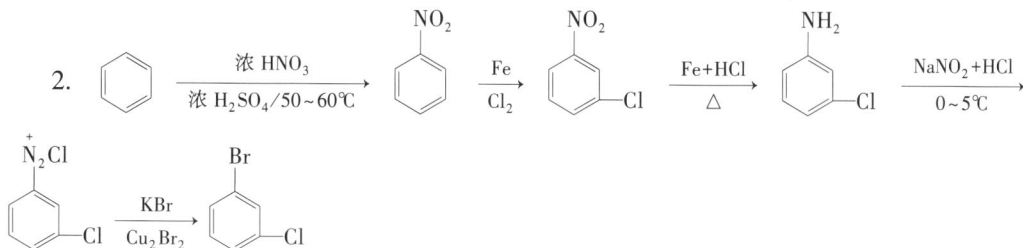

2. 苯 $\xrightarrow[\text{浓 }H_2SO_4/50\sim60^{\circ}C]{\text{浓 }HNO_3}$ (NO₂) $\xrightarrow[Cl_2]{Fe}$ (NO₂—Cl) $\xrightarrow[\triangle]{Fe+HCl}$ (NH₂—Cl) $\xrightarrow[0\sim5^{\circ}C]{NaNO_2+HCl}$

$(\overset{+}{N_2}Cl{-}Cl) \xrightarrow[Cu_2Br_2]{KBr} (Br{-}Cl)$

【解析】本题目标产物是在苯环上面分别引入—Cl 和—Br，但是—Cl 和—Br 都是邻对位定位基，而本题是间位产物，所以本题的思考方向是要先引入一个间位定位基，且此间位定位基能转化成—X，可以想到利用—$NO_2 \longrightarrow -NH_2 \longrightarrow -\overset{+}{N_2}\overset{-}{Cl} \longrightarrow -X$ 的一系列转化；再结合定位基的定位规律，即可写出合理的合成路线。

硕士研究生入学考试模拟试题一

一、命名或写出结构式(10分，每小题1分，有立体构型者需要标出)

1. 3-氯-1-丁醇　【解析】本题醇是母体。

2. (1*E*,3*Z*)-1,4-二氯-1,3-丁二烯

3. 1-甲基-3-异丙基环己烷

4. α-乙基吡咯

5. 3-甲基-1-戊烯-4-炔　【解析】在烯炔分子中，当双键和三键处于等同位置时，给双键碳小编号。

6. 2-烯丙基-4-羟基苯磺酸

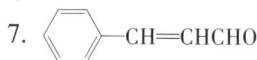

7. $CH{=}CHCHO$

8.

9.
```
    CH₂OH
     |
    C=O
     |
HO——H
 |
H——OH
 |
H——OH
     |
    CH₂OH
```

$$\begin{array}{c} CH_2OH \\ | \\ C{=}O \\ | \\ HO{-}\!\!-H \\ | \\ H{-}\!\!-OH \\ | \\ H{-}\!\!-OH \\ | \\ CH_2OH \end{array}$$

10. —COONa

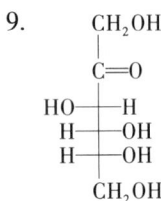

二、填空题（15 分，每空 1 分）

1. HOOCCOOH；具有

2. 莫利许；出现紫色环

3. $CuSO_4$；Na_2CO_3；柠檬酸钠

4. 差；Cl 的电负性比 Br 的电负性大

5. 1,4-加成

6. 奠；是

7. 长的、直的烷基侧链易发生碳正离子重排

8. 相反的　【解析】在分子体系内部，两个手性碳的旋光活性抵消。

9. 肌醇

三、单项选择题（15 分，每小题 1 分）

1. C

2. C　【解析】对应的共轭酸酸性越差，则该化合物的碱性越强。

3. D　【解析】碳原子无论是在碳链中还是在碳环上，只要是与 4 个原子或基团相连，这个碳原子就是 sp^3 杂化。

4. A　【解析】环辛四烯虽然与苯一样是一种轮烯，但它根据休克尔规则不是芳香烃，通常状态下为非平面的澡盆型结构。D. 奠可以看成是由环戊二烯负离子和环庚三烯正离子稠合而成的。

5. C　【解析】大基团相距越远越稳定，即对位交叉式最稳定。

6. C　【解析】C 选项中的碳正离子存在 p-π 共轭和 π-π 共轭效应，体系更稳定。

7. D

8. C

9. D

10. B　【解析】含有醛基的化合物可发生银镜反应。

11. C　【解析】其他 3 个选项都是非极性有机溶剂，不能溶解离子型化合物。

12. D　【解析】D 是内消旋体，无旋光活性，无对映异构体。

13. D　【解析】考虑电子效应和空间位阻效应，羰基碳的正电性越强、空间位阻越小，越容易被亲核试剂进攻。

14. C　【解析】剩两份 A 的(+)旋体，旋光度为+3.8°。

15. B

四、排列顺序题(10分,每小题2分)

1. B>C>D>A 【解析】在卤代烃分子中,α-C 上所连的原子或基团空间位阻越小越容易发生 S_N2 反应。

2. A>D>C>B 【解析】羧酸 α-C 上连有吸电子的原子或基团会使羧酸的酸性增强。

3. C>D>A>B 【解析】苯环上,硝基的致钝能力比磺酸基强,甲氧基的致活能力比甲基强。

4. B>A>C>D 【解析】分子的结构越对称,分子晶格排列越紧密,熔点就越高。

5. A>B>C>D 【解析】羰基碳所连的另外两个原子或基团空间位阻越小,给电子能力越差,与亲核试剂加成反应的活性越强。

五、完成下列反应(10分,每空1分)

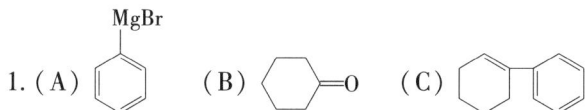

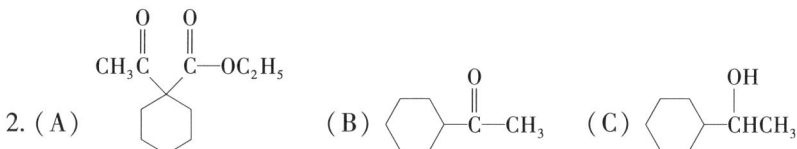

1. (A) 苯基MgBr (B) 环己酮 (C) 联苯二烯

2. (A) 乙酰基乙酸乙酯环己烷结构 (B) 环己基甲酮 (C) 环己基CHOH-CH₃

【解析】(A) 乙酰乙酸乙酯中的 α-C 发生了二次烃基化后成环;(B)在 NaOH 作用下先发生水解反应,再在酸性、加热条件下脱羧。

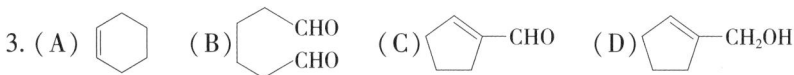

3. (A) 环己烯 (B) 环己烷-CHO/CHO (C) 环戊烯-CHO (D) 环戊烯-CH₂OH

【解析】(A)为 Diels-Alder 反应;(C)二元醛在碱的作用下加热发生羟醛缩合反应;(D)NaBH₄ 选择性还原羰基而不还原碳碳双键。

六、推导结构(8分,每个答案2分)

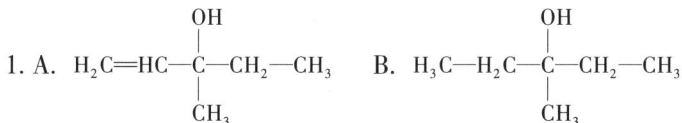

1. A. $H_2C{=}HC{-}\underset{CH_3}{\overset{OH}{C}}{-}CH_2{-}CH_3$ B. $H_3C{-}H_2C{-}\underset{CH_3}{\overset{OH}{C}}{-}CH_2{-}CH_3$

【解析】经计算 A 结构中含有一个不饱和度,由于能与 ZnCl 的盐酸溶液(Lucas 试剂)反应,说明含有—OH 的结构;与 Lucas 试剂反应迅速,说明分子结构中含有

$CH_2{=}CH{-}CH_2{-}OH$(烯丙基型醇)或 $H_3C{-}\underset{CH_3}{\overset{OH}{C}}{-}CH_3$(三级醇)的结构单元。因此,推断 A 可

能的结构为 $H_2C{=}HC{-}\underset{CH_3}{\overset{OH}{C}}{-}CH_2{-}CH_3$ 或 $C_2H_5{-}HC{=}HC{-}\underset{H}{\overset{OH}{C}}{-}CH_3$,二者均是手性分子,但

是只有第一种结构的催化加氢产物无旋光性，因此，B 为 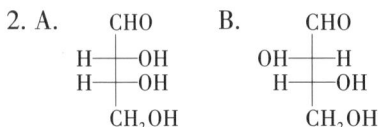。

2. A.

```
      CHO              CHO
   H——OH           HO——H
   H——OH           H——OH
     CH₂OH            CH₂OH
```

【解析】D-型丁糖能使溴水褪色，可知这两种糖不能是酮糖，只能为醛糖，D-型丁醛糖

只能是
```
   CHO            CHO
H——OH          HO——H
H——OH          H——OH
  CH₂OH           CH₂OH
```
或
。二者与苯肼作用可得到同一种糖脎 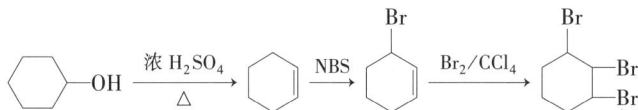。

但经 HNO_3 氧化后，前者的产物
```
    COOH
 H——OH
 H——OH
    COOH
```
为内消旋体，无旋光性；后者氧化产物为

```
   COOH
HO——H
 H——OH
   COOH
```
是手性分子，有旋光性，由此确定 A、B 结构。

七、合成题(7分，无机试剂任选)

1. （3分）

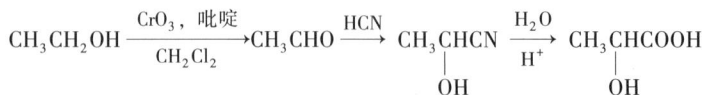

【解析】本题的目标产物是1,2,3-三溴环己烷，而烯烃与卤素加成可以得到邻二卤代物，烯烃的 α-H 与卤素又可以发生取代反应，所以希望前体产物是 ⬡ ，刚好原料是环己醇，利用醇的脱水反应即可。

2. （4分）

$$CH_3CH_2OH \xrightarrow[CH_2Cl_2]{CrO_3，吡啶} CH_3CHO \xrightarrow{HCN} \underset{OH}{CH_3CHCN} \xrightarrow[H^+]{H_2O} \underset{OH}{CH_3CHCOOH}$$

【解析】本题的目标产物是 α-羟基酸，—COOH 可由—CN 转化得到，那么前体产物就是 α-羟基腈，乙醇氧化成乙醛再与 HCN 发生加成反应即可得到 α-羟基腈。

（只要合成过程合理，即可酌情给分）

硕士研究生入学考试模拟试题二

一、命名或写出结构式(15分，每小题1分，有立体构型者需要标出)

1. (3*E*)-2,2,3,5-三甲基-3-己烯　**【解析】**优先基团处于双键平面两侧为 *E* 式

构型。

2. 1-甲基-2-萘酚　【解析】萘环上的位置编号是固定的。

3. β-硝基吡啶　【解析】吡啶分子中的 N 原子是官能团。

4. 4-甲氧基-3-溴苯甲醛

5. 3-戊烯酰氯

6. (2R)-2-甲基-1-溴丁烷

7. 谷氨酸

8. 苦味酸

9.

10.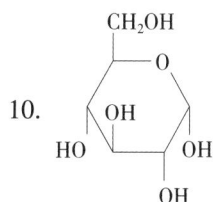

11.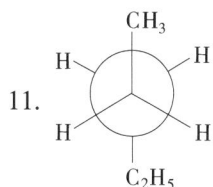

12. HOOCCOCH$_2$COOC$_2$H$_5$

13.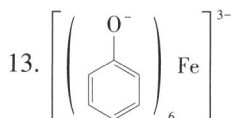

14. 3-甲基环己基甲醛

15.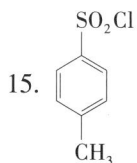

二、填空题(15 分，每空 1 分)

1. π-π 共轭；p-π 共轭；超共轭

2. 兴斯堡

3. 甘油(丙三醇)

4. 仲丁基

5. Diels-Alder 反应

6. 每个双键碳原子所连的优先基团处于双键平面两侧

7. AgNO$_3$ 的氨水溶液或 Cu$_2$Cl$_2$ 的氨水溶液　【解析】乙炔分子中的 H 原子具有酸性而乙烯分子中的 H 原子没有酸性。乙炔分子可与 AgNO$_3$ 的氨水溶液、Cu$_2$Cl$_2$ 的氨水溶液分别生成乙炔银白色沉淀、乙炔亚铜砖红色沉淀。

8. 邻苯二甲酸二乙酯

9. 强

10. Lucas 试剂(无水 $ZnCl_2$/浓 HCl)

11. R　【解析】"横顺 S，竖顺 R"。

12. 3 个；3 个

三、单项选择题(25 分，每小题 1 分)

1. B　【解析】呋喃的亲电取代反应活性相当于苯酚或苯胺。

2. C

3. D　【解析】对于醛类化合物，斐林试剂只能氧化脂肪族的醛。

4. D　【解析】对称面和对称中心称为对称因素。

5. D　【解析】安息香酸是苯甲酸。

6. A

7. C

8. C　【解析】比较原子或基团中第一个原子的原子序数，原子序数大的为优先基团。

9. A

10. B

11. C

12. D

13. C　【解析】单质碘的 NaOH 溶液不能把叔醇中的 C—O 单键氧化成羰基，碘仿反应要求与羟基直接相连的 C 上至少有一个 H 原子。

14. B　【解析】B 选项的化合物是䓛，拆成两个单环看，每一个单环均符合 $4n+2$ 休克尔规则。

15. B　【解析】常温下，$KMnO_4$ 不能氧化环烷烃。

16. A

17. B　【解析】芳香族羧酸的酸性大于脂肪族羧酸的酸性。

18. A　【解析】格氏试剂制备时，要求体系中不能含有活泼 H。

19. B　【解析】碘仿反应要求分子中含有 CH_3CO—或 $CH_3CH(OH)$—结构，$NaHSO_3$ 能与所有的醛、脂肪族甲基酮、8 个碳以下的环酮反应。

20. B

21. B　【解析】—OH 是致活的邻、对位定位基。

22. B　【解析】羧酸衍生物的反应活性为：酰氯>酸酐>酯>酰胺。

23. D　【解析】丙酮分子中的烯醇式结构含量仅有 0.00025%，不足以与 $FeCl_3$ 反应显色。

24. C

25. D　【解析】环烷烃中，三元环最容易开环，苯环与单质 Br_2 反应需要铁粉或 FeX_3 作催化剂，烷基苯侧链和环己烷与单质 Br_2 反应需要光照或高温加热条件。

四、排列顺序题(10分,每小题2分)

1. D>A>C>B 【解析】—NO$_2$是强致钝的间位定位基,—Cl是弱致钝的邻、对位定位基,—OCH$_3$是致活的邻、对位定位基。致钝基团使酚羟基酸性增强,致活基团使酚羟基酸性减弱。

2. A>D>C>B 【解析】有机分子的沸点与分子质量、分子极性和分子间的氢键作用相关。分子质量相近时,首先比较氢键的作用,再比较分子的极性。羧酸可以在分子间形成两个氢键,醇可以形成一个分子间氢键,醛中的羰基是不饱和极性共价键(极性更强),醚中的C—O单键是饱和的极性共价键(较碳氧双键极性弱)。

3. A>B>D>C 【解析】—OH、—Cl在链式结构中属于吸电子基团,且—Cl的吸电子能力比—OH强。吸电子的原子或基团距离—NH$_2$距离越近,分子的碱性越弱。

4. A>B>D>C 【解析】醇的级别越高,脱水反应速度越快。A是带有苯环的仲醇,生成的碳正离子中间体含有p-π共轭效应,另外脱水后生成的产物有π-π共轭体系,因此反应速度最快。

5. C>A>D>B 【解析】醛的亲核加成反应活性大于酮,具体看羰基碳的正电性和羰基碳周围的空间位阻效应。

五、判断题(10分,每小题1分)

1. √ 【解析】胺分子中N上的孤对电子使胺具有碱性和亲核性,胺的碱性强弱与N上电子云密度有关,N上电子云密度越大,接受质子的能力越强,碱性就越强。但是酰胺分子中N上的孤对电子可以与羰基共轭,降低了N上的电子云密度,从而降低了碱性。

2. √ 【解析】羧基中羰基的双键氧可以跟羟基中的H形成氢键。一个羧基可以与另一个分子形成两个氢键。

3. √ 【解析】苯酚和苯胺与重氮盐反应分别生成对羟基偶氮苯和对氨基偶氮苯,其中羟基和氨基称为助色基团。

4. × 【解析】吡咯分子就具有酸性。

5. × 【解析】肽键属于一级结构。

6. √

7. × 【解析】卤代烃中α-C为手性碳,进攻基团为产物中的最大基团取代反应物中的原子(卤素),才能发生瓦尔登翻转。

8. × 【解析】共轭效应,又称离域效应,是指在共轭体系中,由于原子间的相互影响而使体系内的π电子(或p电子)分布发生变化的一种电子效应。乙烯、乙炔分子中就没有共轭效应。

9. × 【解析】天然油脂都是L型的。

10. √ 【解析】例如酒石酸的内消旋体。

六、完成下列反应(10分,每空1分)

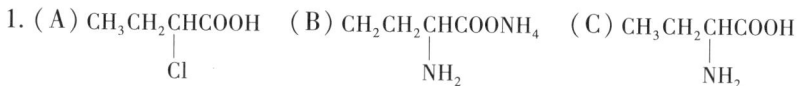

1. (A) CH$_3$CH$_2$CHCOOH　(B) CH$_2$CH$_2$CHCOONH$_4$　(C) CH$_3$CH$_2$CHCOOH

　　　　　｜　　　　　　　　　　｜　　　　　　　　　　　　｜

　　　　　Cl　　　　　　　　　　NH$_2$　　　　　　　　　　NH$_2$

(D) H₂NCHCONHCHCOOH

【解析】(A)在单质 I₂、红磷、日光照射下，卤素取代羧酸 α-C 上的 H。

2. (A) 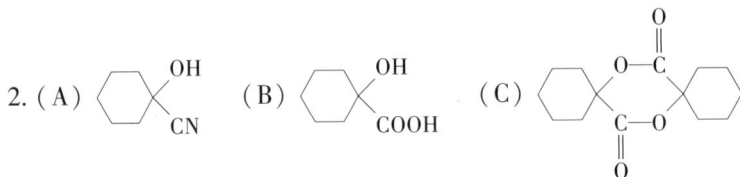 (B) (C)

3. (A) 　CH=CHCHO　(B) COOH　(C) HOOCCOOH(B 和 C 可以互换)

七、推导结构(10 分，每个答案 2 分)

1. A. 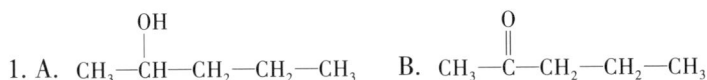　CH₃—CH—CH₂—CH₂—CH₃　B. CH₃—C—CH₂—CH₂—CH₃

【解析】经计算，A 的不饱和度为 0，所以 A 是醇或醚。A 可氧化脱掉两个 H 原子得到 B，说明 A 为伯醇或仲醇，B 为醛或酮。B 能与饱和的 NaHSO₃ 溶液反应得到白色结晶，还能发生碘仿反应，说明 B 的结构中含有 CH₃—C—，推导 B 的结构可能为

CH₃—C—CH₂—CH₂—CH₃ 或 CH₃—C—CH—CH₃。A 的结构可能为 CH₃—CH—CH₂—CH₂—CH₃
　　　CH₃

或 CH₃—CH—CH—CH₃。但 A 经浓 H₂SO₄ 共热再用 O₃ 氧化还原的产物可以看出，
　　　CH₃

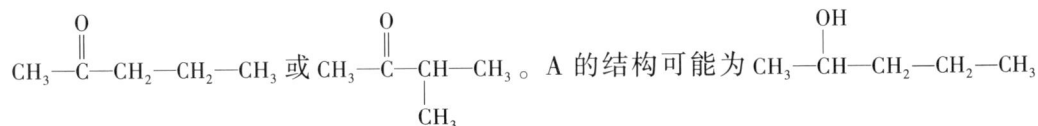

丙酮不能发生银镜反应。

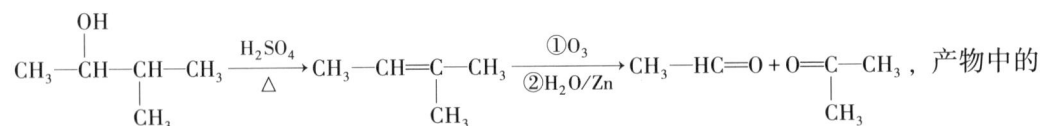

产物是两种醛，都能发生银镜反应。由此可知 A、B 的结构。

2. A. HOOC—CH—COOH　B. HOOC—CH₂—CH₂—COOH　C. H₃CO—C—C—OCH₃
　　　CH₃

【解析】经计算，分子式为 C₄H₆O₄ 的结构中有 2 个不饱和度，由于有 4 个氧原子，不能与苯肼作用生成腙，推断结构中有羧基或酯基，无醛酮的羰基。由于 A 加热后产物分子式为 C₃H₆O₂，分子中少了 1 个碳原子和 2 个氧原子，推断发生了脱羧反应生成了

CO₂，则分子中有 HOOC—CH₂—COOH 的结构，推断 A 为 HOOC—CH—COOH。B 加热后产
　　　　　　　　　　　　　　　　　　　　　　　　　　　CH₃

物为 $C_4H_4O_3$，发生了脱水反应，则 B 为丁二酸，发生的反应为 $HOOC—CH_2—CH_2—COOH$

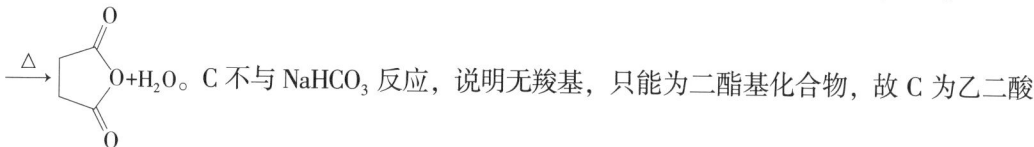

$$\xrightarrow{\triangle}$$ $+H_2O$。C 不与 $NaHCO_3$ 反应，说明无羧基，只能为二酯基化合物，故 C 为乙二酸

二甲酯，发生的反应为 $H_3CO—\overset{O}{\overset{||}{C}}—\overset{O}{\overset{||}{C}}—OCH_3 \xrightarrow[\text{②}H^+]{\text{①}OH^-/\triangle} HO—\overset{O}{\overset{||}{C}}—\overset{O}{\overset{||}{C}}—OH+2CH_3OH$，产物乙二酸

和甲醇均可被 $KMnO_4$ 氧化成 CO_2。

八、合成题(15 分，每小题 5 分，无机试剂任选)

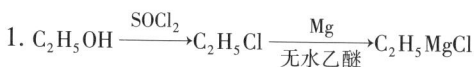

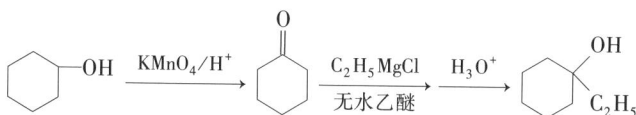

1. $C_2H_5OH \xrightarrow{SOCl_2} C_2H_5Cl \xrightarrow[\text{无水乙醚}]{Mg} C_2H_5MgCl$

【解析】本题目标产物是叔醇，可以利用格氏试剂与醛酮的反应来制备，这样根据

目标产物逆推，需要的 2 个前体产物即为 和 C_2H_5MgCl。 由 氧化可得，

C_2H_5OH 转化成 C_2H_5Cl 即可制备成格氏试剂 C_2H_5MgCl。

2.

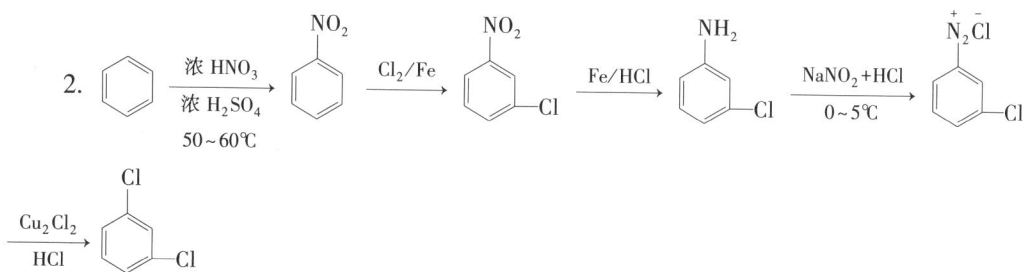

【解析】本题目标产物是在苯环上面引入 2 个—Cl，但是—Cl 是邻对位定位基，而本题是间位产物，所以本题的思考方向是要先引入 1 个间位定位基，且此间位定位基能转化成—X，可以想到利用 $—NO_2 \longrightarrow —NH_2 \longrightarrow —\overset{+}{N_2}Cl \longrightarrow —X$ 的一系列转化，再结合定位基的定位规律，即可写出合理的合成路线。

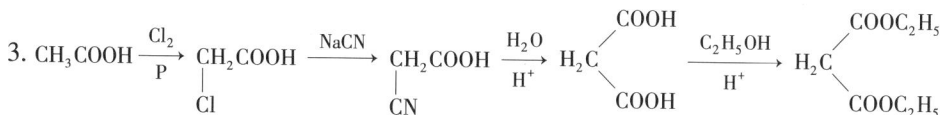

3. $CH_3COOH \xrightarrow{Cl_2} \underset{Cl}{CH_2COOH} \xrightarrow{NaCN} \underset{CN}{CH_2COOH} \xrightarrow[H^+]{H_2O} \underset{COOH}{\overset{COOH}{H_2C}} \xrightarrow[H^+]{C_2H_5OH} \underset{COOC_2H_5}{\overset{COOC_2H_5}{H_2C}}$

【解析】本题的目标产物是丙二酸二乙酯，因此所需前体产物是丙二酸。丙二酸与原料乙酸比较，增加了 1 个碳的羧酸，利用制备增加 1 个碳的羧酸的方法即可制备，此时需要前体产物卤代烃，刚好给出的化合物中羧酸的 α-H 可以被卤代。

(只要合成路线合理，即可酌情给分)

硕士研究生入学考试模拟试题三

一、命名或写出结构式(15分，每小题1分，有立体构型者需要标出)

1. 4-甲基-3-氯苯甲酸

2. β-甲基-γ-丁内酯

3. 5-甲基-3-吡啶磺酸

4. 3-甲基环己基乙酮

5. β-D-葡萄糖

6. (R)-3-甲基-3-苯基-1-戊烯

7. 甘醇

8. 柠檬酸

9.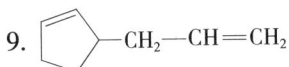

10.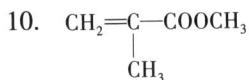

11.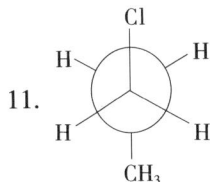

12.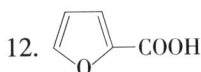

13.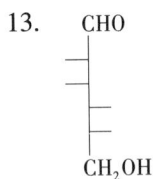

14.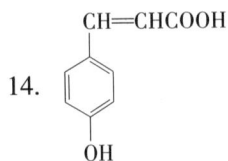

15.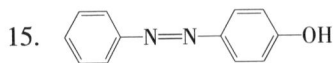

二、填空题(15分，每空1分)

1. 混合物；固定

2. $AgNO_3/C_2H_5OH$

3. 大于

4. 单分子亲核取代反应

5. 威廉森合成

6. 亚硫酰氯；氯代烃

7. 亲电；亲核

8. 浓 HI/△

9. 稀 OH⁻

10. 过量饱和的 $NaHSO_3$ 水溶液

11. 蚁酸；草酸

三、单项选择题(25 分，每小题 1 分)

1. B 【解析】苯环上含有强吸电子基团时不能发生傅克反应。

2. B 【解析】B 选项中羟基为吸电子基团，连在双键碳上(芳环除外)，周围还没有能使其稳定的羰基存在，结构不稳定。

3. A 【解析】无水 $CaCl_2$ 与乙醇可以形成 $CaCl_2 \cdot C_2H_5OH$ 结构，因此，不可用 $CaCl_2$ 干燥醇。

4. B

5. D 【解析】吡啶属于缺电子芳环，亲电取代反应活性弱。

6. C

7. A

8. B

9. C 【解析】季铵碱的碱性相当于 NaOH 的碱性。

10. D

11. A 【解析】A 不具有平面结构。

12. D

13. B

14. C

15. A 【解析】氨基酸在等电点时以偶极离子形式存在，在比等电点大的 pH 溶液中，相当于往体系中加碱，偶极离子的正电荷减少，显示电负性，往正极移动。

16. D

17. A

18. D

19. C

20. C

21. B

22. A 【解析】氨基酸等电点是 5，在 pH＝7 的水溶液中以氨基酸负离子形式存在。

23. B

24. C

25. C

四、排列顺序题(10分,每小题2分)

1. A>C>B>D　【解析】A结构中具有p-π共轭效应。

2. A>C>B>D　【解析】乙酸分子间可以形成2个氢键,乙醇分子间可以形成1个氢键,丙酮分子中的羰基是不饱和极性共价键,甲乙醚中的醚键是碳氧单键,极性较不饱和极性共价键差,沸点低。

3. A>D>C>B

4. B>D>C>A

5. A>D>C>B

五、判断题(10分,每小题1分)

1. ✓　【解析】氨基酸等电点小于7说明羧基电离程度(或个数)大于氨基,体系羧酸根负离子多,因此加酸才能抑制羧基电离,达到与氨根正离子相等的目的。

2. ×　【解析】成脎反应发生在 C_1、C_2 上,因此葡萄糖和果糖会生成相同的糖脎。

3. ×　【解析】如金属有机化合物。

4. ×　【解析】环己烷的船式构象也不具有角张力。

5. ×　【解析】R/S 是构型的表达方式,与旋光方向没有对应关系。

6. ×　【解析】醇在浓 H_2SO_4 催化下分子内脱水是消除反应。

7. ×　【解析】羰基与进攻试剂发生的反应是亲核加成反应。

8. ✓　【解析】S_N1 历程是碳正离子中间体生成途径,有可能发生碳正离子重排。

9. ×　【解析】吡咯虽然属于环状的仲胺,但N原子上的孤对电子参与环的共轭,因而N上的H原子显酸性。

10. ✓　【解析】格氏试剂提供碳负离子,反应活性强,属于强亲核试剂。

六、完成下列反应(10分,每空1分)

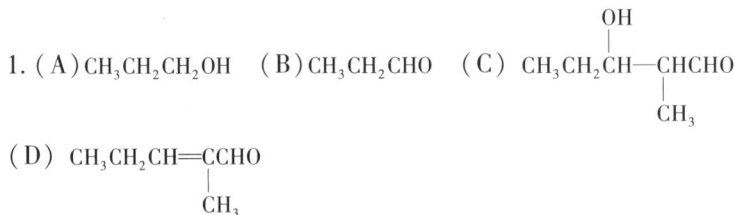

1. (A) $CH_3CH_2CH_2OH$　(B) CH_3CH_2CHO　(C) $CH_3CH_2CH(OH)CH(CH_3)CHO$

(D) $CH_3CH_2CH=C(CH_3)CHO$

【解析】(B)醇在 Cu/325℃ 作用下脱H;(C)含 α-H 的醛或酮在稀碱作用下发生羟醛反应。

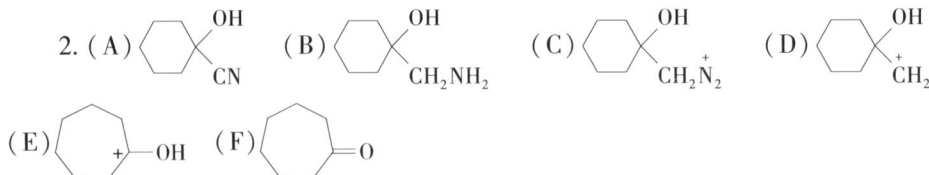

2. (A) 环己基-OH,-CN　(B) 环己基-OH,-CH₂NH₂　(C) 环己基-OH,-CH₂N₂⁺　(D) 环己基-OH,+CH₂

(E) 环庚基⁺-OH　(F) 环庚酮=O

【解析】(C)重氮化反应生成重氮盐;(E)碳正离子重排。

七、推导结构(15分,每个答案3分)

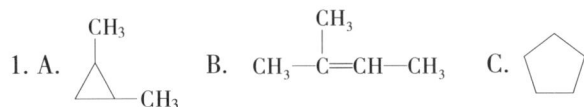

1. A. 1,2-二甲基环丙烷　B. $CH_3-C(CH_3)=CH-CH_3$　C. 环戊烷

【解析】由分子式可知，3 种物质均有 1 个不饱和度。由 A 的产物可知，Br 原子所连

的位置即为原来加成反应断键的位置，所以是个三元环状结构 $\overset{CH_3}{\underset{CH_3}{\triangle}}$。C 不与 Br_2/CCl_4

反应，表明 C 是个五元环状烷烃。B 能与 $KMnO_4$ 反应生成丙酮和乙酸，反应式为

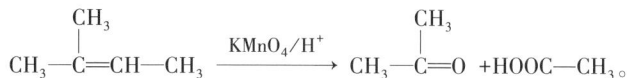

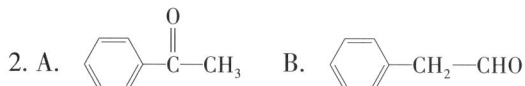

$$CH_3-\underset{CH_3}{C}=CH-CH_3 \xrightarrow{KMnO_4/H^+} CH_3-\underset{CH_3}{C}=O +HOOC-CH_3。$$

2. A. $\overset{O}{\underset{}{\bigcirc}-C-CH_3}$　　B. $\bigcirc-CH_2-CHO$

【解析】经计算，A、B 分子结构中有 5 个不饱和度，且不与 Br_2/CCl_4 反应，证明有苯

环结构(4 个不饱和度)存在，并且还有 1 个碳氧双键，由于分子结构中一共有 8 个碳原子，

所以 A、B 的可能结构为 $\bigcirc-CH_2-CHO$、$\bigcirc-\overset{O}{C}-CH_3$ 或 $H_3C-\bigcirc-CHO$，其中能发生

碘仿的只有 $\bigcirc-\overset{O}{C}-CH_3$，能与托伦试剂反应的是 $\bigcirc-CH_2-CHO$ 或 $H_3C-\bigcirc-CHO$，

但只有前者被 Zn-Hg/HCl 还原产物与 A 被还原产物相同，所以可确定 B 的结构为

$\bigcirc-CH_2-CHO$。

八、合成题(10 分，每小题 5 分，无机试剂任选)

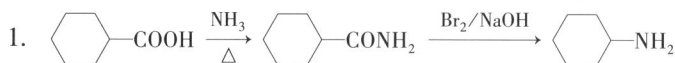

1. $\bigcirc-COOH \xrightarrow[\triangle]{NH_3} \bigcirc-CONH_2 \xrightarrow{Br_2/NaOH} \bigcirc-NH_2$

【解析】本题的思路是先制备成酰胺，然后利用霍夫曼降解反应即可得到目标产物。

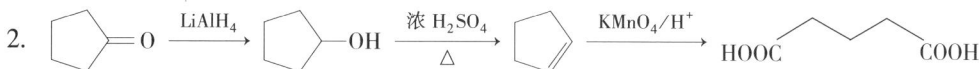

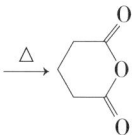

2. $\bigcirc=O \xrightarrow{LiAlH_4} \bigcirc-OH \xrightarrow[\triangle]{浓 H_2SO_4} \bigcirc \xrightarrow{KMnO_4/H^+} HOOC\text{~~~}COOH$

$\xrightarrow{\triangle} $ 酸酐

【解析】本题的目标产物是酸酐，利用逆合成分析法，它的前体产物二元酸应该是

$HOOC\text{~~~}COOH$，再观察给的原料有五元环状结构，可以想到利用环戊烯烃的氧

化得到二元酸。此外，原料是酮，利用酮转化为醇，醇再脱水即可得到烯烃。

(只要合成路线合理，即可酌情给分)

硕士研究生入学考试模拟试题四

一、命名或写出结构式(10 分，每小题 1 分，有立体构型者需要标出)

1. 2-乙基-4-硝基苯甲酸

2. 1,4-二氧六环

3. 2-溴-1,6-辛二烯-3-炔　【解析】给碳编号时，应使双键、三键碳的编号之和最小，整个碳链碳原子个数的名称给双键，母体名称为炔，在炔字前面标记三键所在位置。

4. 环己酮肟

5. 亚甲基环己烷

6.  　四氢呋喃

7.

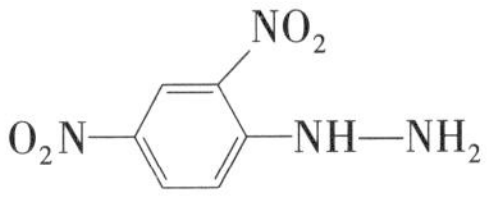

8. 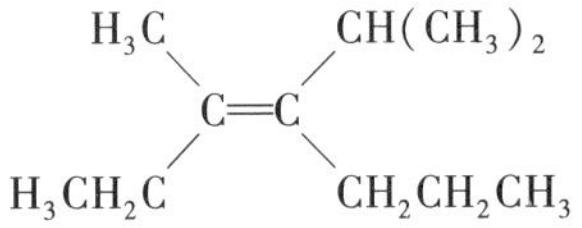 　　　【解析】优先基团在双键平面两侧为 E 式结构。

9.

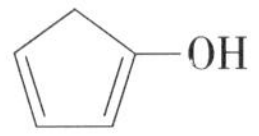

10. 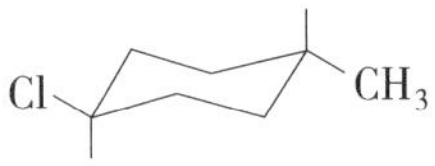 　【解析】大基团、多基团处在 e 键上分子最稳定。

二、单项选择题（15分，每小题1分）

1. C

2. D　【解析】斐林试剂只能氧化醛中的脂肪醛。

3. C

4. D

5. A　【解析】醛的亲核加成反应活性比酮强。

6. D　【解析】葡萄糖、甘露糖和果糖的区别在 C_1、C_2 上，其他结构都是相同的。而成脎反应正是发生在 C_1、C_2 上，所以这三种糖可以形成同一种糖脎。

7. D　【解析】芳香性特点有易取代、难加成、难氧化。

8. D　【解析】环醚与格氏试剂反应水解生成醇。

9. A　【解析】后三个结构都有不对称因素，而 A 的左侧连了两个相同甲基。

10. B　【解析】端基炔烃与 Cu_2Cl_2 的氨水溶液反应生成砖红色沉淀。

11. C

12. D

13. C　【解析】含有 CH_3CO— 或 $CH_3CH(OH)$— 结构的化合物能发生碘仿反应。

14. B

15. C

三、排列顺序题（10分，每小题2分）

1. C>A>B>D　【解析】Cl 原子、羟基在链状结构中是吸电子基团，Cl 的吸电子能力比羟基强，两种基团个数越多、离羧基越近，酸性增强效果越好。

2. D>A>C>B　【解析】苯环上的 —NH_2、—C_2H_5 是致活的邻对位定位基（—NH_2 比

—C_2H_5 致活效果好），使对位上的酚氧负离子的负电性增强。—SO_3H 是强致钝的间位定位基，它可使对位上的酚氧负离子的负电性减弱。—Br 是弱致钝的邻对位定位基，可使对位上的酚氧负离子的负电性减弱，效果较—SO_3H 差。

3. D>C>B>A　【解析】羧酸的酸性大于硫醇，硫醇的酸性大于醇。因为 S 的原子半径大于氧，有较强的承载电荷的能力，质子 H 更容易电离；羟基连在羧酸的 α-C 上，酸性增强。

4. A>B>C>D　【解析】亲电加成反应活性应考虑电子效应和空间位阻效应。

5. D>A>B>C　【解析】脂肪族胺的碱性大于芳香族胺的碱性；脂肪族仲胺的碱性大于脂肪族伯胺的碱性；芳香族胺中 N 原子上的孤对电子参与共轭后，电子云分散效果越好，碱性越差。

四、完成下列反应(10 分，每空 1 分)

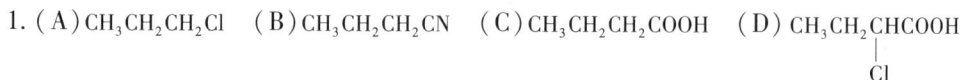

1. (A)$CH_3CH_2CH_2Cl$　(B)$CH_3CH_2CH_2CN$　(C)$CH_3CH_2CH_2COOH$　(D)$CH_3CH_2\underset{\underset{Cl}{|}}{C}HCOOH$

(E)$CH_3CH_2\underset{\underset{NH_2}{|}}{C}HCOOH$

【解析】(D)卤素在单质 I_2、红磷、日光的作用下，取代羧酸分子中 α-C 上的 H 原子。

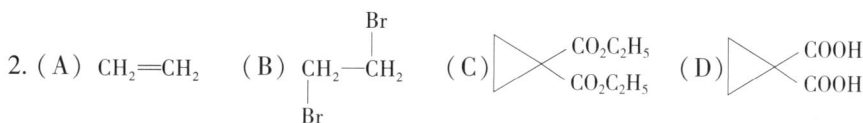

2. (A) $CH_2{=}CH_2$　(B) $\underset{\underset{Br}{|}}{C}H_2{-}\overset{\overset{Br}{|}}{C}H_2$　(C) 环丙烷$\begin{matrix}CO_2C_2H_5\\CO_2C_2H_5\end{matrix}$　(D) 环丙烷$\begin{matrix}COOH\\COOH\end{matrix}$

(E) 环丙烷—COOH

【解析】(B)为反式加成；(E)发生脱羧反应。

五、写出下列反应的反应历程(共 5 分)

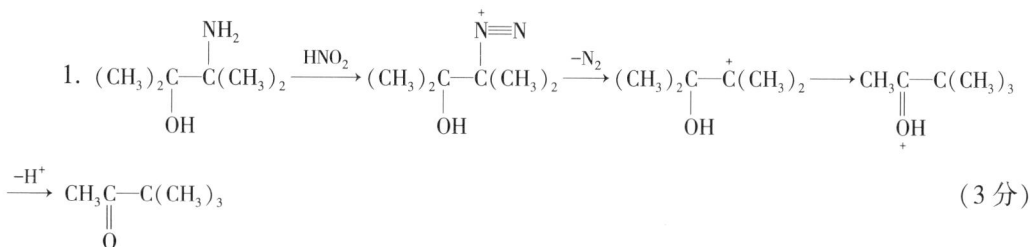

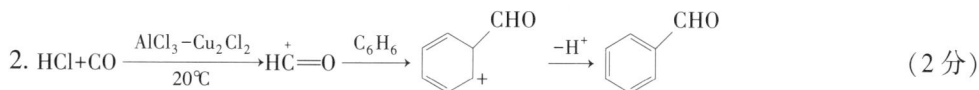

1. (3 分)

2. (2 分)

六、推导结构(10 分，每个答案 2 分)

1. A. (各 1 分)　B. $CH_3{-}\underset{\underset{CH_3}{|}}{C}H{-}\overset{\overset{Br}{|}}{C}H{-}CH_3$

【解析】经计算，A 分子含有一个不饱和度，可能为双键或者是环结构；由于 A 能

使 Br_2/CCl_4 溶液褪色，但不能使酸性 $KMnO_4$ 溶液褪色，说明 A 为三元环。另外还有两

个碳原子，所以可能的结构为

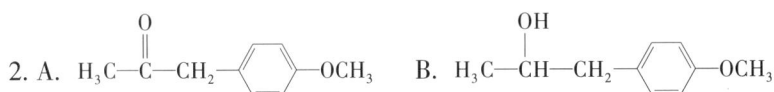

。由于只有前两种分子结构无

对称中心和对称面，所以 A 的结构为

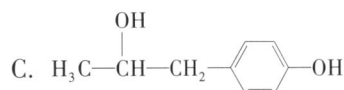

。二者与 HBr 加成可得到产物 B

为 $CH_3\!-\!\overset{\displaystyle CH_3}{\underset{}{CH}}\!-\!\overset{\displaystyle Br}{\underset{}{CH}}\!-\!CH_3$，该物质仍是手性分子。

2. A. $H_3C\!-\!\overset{\displaystyle O}{\overset{\|}{C}}\!-\!CH_2\!-\!\langle\!\!\bigcirc\!\!\rangle\!-\!OCH_3$　　B. $H_3C\!-\!\overset{\displaystyle OH}{\underset{}{CH}}\!-\!CH_2\!-\!\langle\!\!\bigcirc\!\!\rangle\!-\!OCH_3$

C. $H_3C\!-\!\overset{\displaystyle OH}{\underset{}{CH}}\!-\!CH_2\!-\!\langle\!\!\bigcirc\!\!\rangle\!-\!OH$

【解析】经计算，化合物 A 有 5 个不饱和度，可能有苯环的结构；不溶于 NaOH，排除羧酸和酚的可能。能与苯肼作用生成黄色固体，说明 A 是醛或者酮；能与饱和的 $NaHSO_3$ 溶液反应得到白色晶体，但不与托伦试剂反应，表明 A 分子是结构中含有 $CH_3\!-\!\overset{\displaystyle O}{\overset{\|}{C}}\!-$ 的酮。A 经 $LiAlH_4$ 还原可得到 B，B 的结构中含有 $CH_3\!-\!\overset{\displaystyle OH}{\underset{}{CH}}\!-$。A 与浓 HI 作用可生成分子式为 $C_9H_{10}O_2$ 的物质 C，发生的反应为 $X\!-\!\langle\!\!\bigcirc\!\!\rangle\!-\!OCH_3 \xrightarrow{HI} X\!-\!\langle\!\!\bigcirc\!\!\rangle\!-\!OH +$ $I\!-\!CH_3$，生成的酚能与 $FeCl_3$ 发生显色反应。A 一元硝基取代的化合物最多能有 2 种，说明 A 的 2 个取代基为对位。通过以上分析，A 的结构为 $H_3C\!-\!\overset{\displaystyle O}{\overset{\|}{C}}\!-\!CH_2\!-\!\langle\!\!\bigcirc\!\!\rangle\!-\!OCH_3$，进而可推断出 B 和 C 的结构。

七、合成题(共 15 分，每小题 5 分，无机试剂任选)

1.
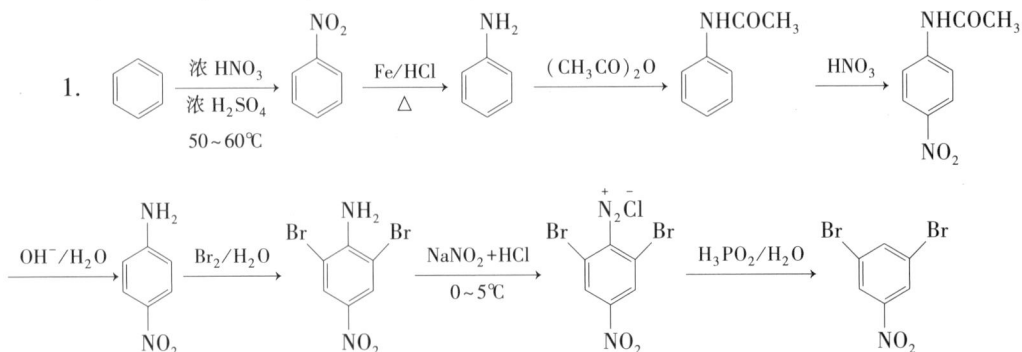

【解析】本题的目标产物是在起始原料苯环上引入 2 个—Br 和 1 个—NO_2，且 3 个基团彼此处于间位。—NO_2 是间位定位基，可以在—NO_2 的间位引入 1 个—Br，但引入第三

个基团的时候，主要受—Br 定位基的影响，得不到目标产物，因此本题需利用—NH₂ 及重氮盐的一系列转化来做。先通过硝化反应引入—NO₂，—NO₂ 再还原成—NH₂，由于—NH₂ 是强致活基团，将苯胺乙酰化，此时再在对位引入—NO₂，然后酰胺水解在—NH₂ 左右两侧邻位上的 H 都被—Br 取代，最后—NH₂ 转化成重氮盐之后去掉。

2.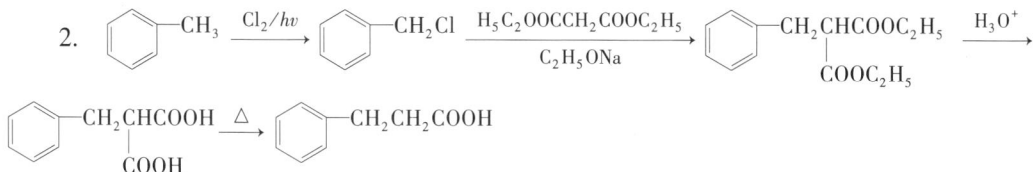

【解析】观察目标产物与原料化合物的结构变化，本题实际上就是制备增加 2 个碳的羧酸，可以想到利用丙二酸酯。首先甲苯在光照条件下与 Cl_2 反应制得卤代烃，丙二酸酯在醇钠作用下能够与卤代烃发生亲核取代反应，生成 α-碳原子上烃基化产物。丙二酸酯的烃基化产物经水解脱羧生成一元羧酸，得到目标产物。

3.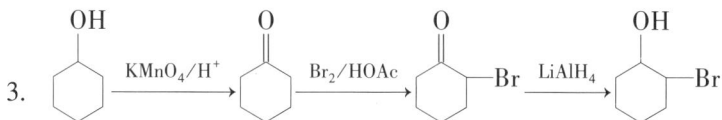

【解析】本题的目标产物是官能团的 β-H 被卤素取代，所以本题是利用 $-\overset{\overset{\textstyle O}{\|}}{C}-$ 的 α-H 卤代反应制备目标产物的。把—OH 氧化成 $-\overset{\overset{\textstyle O}{\|}}{C}-$，然后 α-H 卤代反应，再把 $-\overset{\overset{\textstyle O}{\|}}{C}-$ 还原成—OH 即可。

硕士研究生入学考试模拟试题五

一、命名或写出结构式(10 分，每小题 1 分，有立体构型者需要标出)

1. (E)-3-氯-2-己烯-4-炔

2. 3-甲氧基苯乙酮(间甲氧基苯乙酮)

3. 反-1-叔丁基-4-氯环己烷

4. 三苯甲醇

5. 3-氯-2-溴环己烯

6. 丁二酰亚胺

7. 顺-1,2-二甲基环丙烷

8.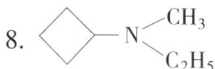

9.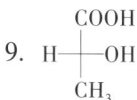

$$CH_3$$
$$|$$
$$CH_2$$
$$CH_3\ CH_2\ \ \ \ \ \ \ \ \ \ CH_3$$

10. $CH_3-CH_2-\overset{|}{C}H-\overset{|}{C}H-CH_2-\overset{|}{C}H-CH_2-CH_3$

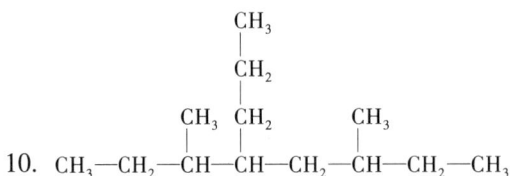

二、填空题(15分,每空1分)

1. 手性

2. 强吸电子(强致钝)

3. 相反的 【解析】分子内部旋光活性互相抵消。

4. 威廉森合成

5. 丙酮糖

6. 自由基取代

7. 苯酚或苯胺

8. 强 【解析】因为羧基为强吸电子基团。

9. 7.5～11.0

10. 亚甲基

11. 单分子亲核取代反应

12. 6 个碳以下的伯仲叔醇

13. H_2N-NH_2

14. E1

15. S_N1

三、单项选择题(15分,每小题1分)

1. C

2. D 【解析】分子中含有 $\overset{O}{\overset{||}{-C}}-CH_3$ 或 $\overset{OH}{\overset{|}{-CH}}-CH_3$ 结构的化合物能发生碘仿反应。

3. B

4. D 【解析】淀粉为多糖,不具有还原性。

5. C

6. C 【解析】烯丙基型自由基更稳定,另外考虑 σ-p 超共轭,C_4 比 C_1 稳定。

7. C 【解析】醛、脂肪族甲基酮、8 个碳以下的环酮能与 HCN 反应;分子中含有 $\overset{O}{\overset{||}{-C}}-CH_3$ 或 $\overset{OH}{\overset{|}{-CH}}-CH_3$ 结构能发生碘仿反应。

8. D 【解析】D 分子最上面的碳原子是 sp^3 杂化的,不是平面结构,不符合 $4n+2$ 休克尔规则。

9. A

10. B 【解析】B 结构中存在 p-π 共轭效应,体系稳定。

11. B

12. B

13. D 【解析】Diels-Alder 反应是不涉及离子的协同反应。

14. C 【解析】该碳正离子具有 p-π 共轭、σ-p 超共轭、σ-π 超共轭，体系稳定。

15. A 【解析】—I 是致钝的邻对位定位基。

四、排列顺序题（10分，每小题2分）

1. D>B>C>A 【解析】硝基的吸电子能力强于卤素，因此硝基取代的苯甲酸的酸性更强。甲基和甲氧基同为第一类定位基，甲氧基的致活能力比甲基强；基团的致活能力越强，羧基电离的程度越弱，酸性越弱。

2. B>A>C>D

3. C>D>B>A

4. B>C>D>A 【解析】S_N2 型反应为双分子亲核取代反应，分子中 α-碳原子所连的烃基越多，则空间位阻越大，反应活性越弱。

5. B>C>D>A

五、判断题（10分，每小题1分）

1. √ 【解析】在一定 pH 条件下，氨基酸分子所带的净电荷为 0，此时溶液的 pH 就称为该氨基酸的等电点。

2. √

3. ×

4. ×

5. × 【解析】比如甲酸、甲酸甲酯等，分子内含有羰基，却没有酮式与烯醇式的互变异构。

6. √

7. √

8. √ 【解析】能够还原斐林试剂、托伦试剂、班乃狄克试剂的糖称为还原糖，所有的单糖，无论醛糖、酮糖都是还原糖。

9. √

10. √

六、推导结构（5分）

1. A. H_3C—⬡—C_2H_5 B. $HOOC$—⬡(O_2N)—$COOH$ （3分，每个答案1.5分）

【解析】经计算，A 分子含有 4 个不饱和度，推断可能含有苯环。A 不能使 Br_2/CCl_4 溶液褪色，能与浓 HNO_3/浓 H_2SO_4 反应，证明 A 分子中的确含有苯环，且发生了亲电取代反应。由于苯环含有 4 个不饱和度，所以另外 3 个碳原子为烷基连在苯环上。硝化产物用 $KMnO_4$ 氧化后可得二元羧酸化合物，表明 A 结构中苯环上有 2 个烷基，A 可能的结构为 H_3C—⬡—C_2H_5，其中只有 H_3C—⬡—C_2H_5 的一元硝基化合物有 2 种，所以反应式为

$$H_3C-\!\!\!\!\bigcirc\!\!\!\!-C_2H_5 \xrightarrow{HNO_3/H_2SO_4} H_3C-\!\!\!\!\bigcirc\!\!\!\!-C_2H_5 + C_2H_5-\!\!\!\!\bigcirc\!\!\!\!-CH_3 \xrightarrow{KMnO_4/H^+}$$

(A)

$$HOOC-\!\!\!\!\bigcirc\!\!\!\!-COOH$$

(B)

2. A. $H_3C-H_2C-\underset{\underset{CH_3}{|}}{CH}-\overset{\overset{O}{\|}}{C}-NH-CH_3$ （2分）

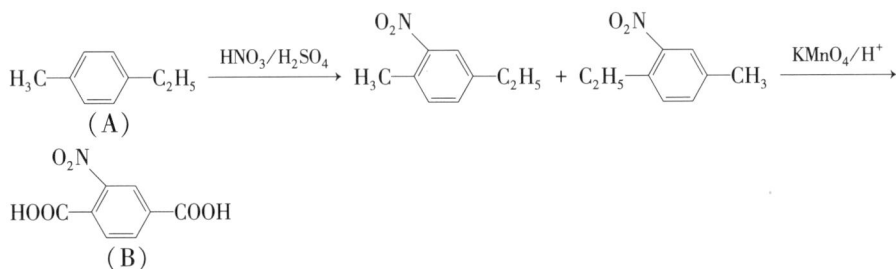

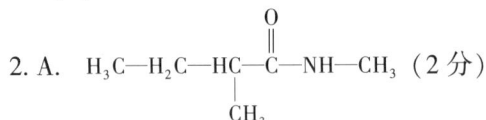

【解析】经计算，A 含有 1 个不饱和度。结构中含 N 原子和 O 原子。该化合物在碱性溶液中可水解，推测 A 含 $-\overset{\overset{O}{\|}}{C}-NH-$ 。乙酰胺发生霍夫曼降解反应式为 $H_3C-\overset{\overset{O}{\|}}{C}-NH_2$ $\xrightarrow{Br_2/NaOH} CH_3-NH_2+NaBr+Na_2CO_3+H_2O$，气态有机产物是 CH_3-NH_2；A 水解也生成这种物质，推断 A 含 $-\overset{\overset{O}{\|}}{C}-NH-CH_3$ 结构，A 结构中还有 4 个饱和的碳原子位于羰基一侧，所以 A 结构只能是 $H_3C-H_2C-\underset{\underset{CH_3}{|}}{CH}-\overset{\overset{O}{\|}}{C}-NH-CH_3$。

七、合成题(10分，无机试剂任选)

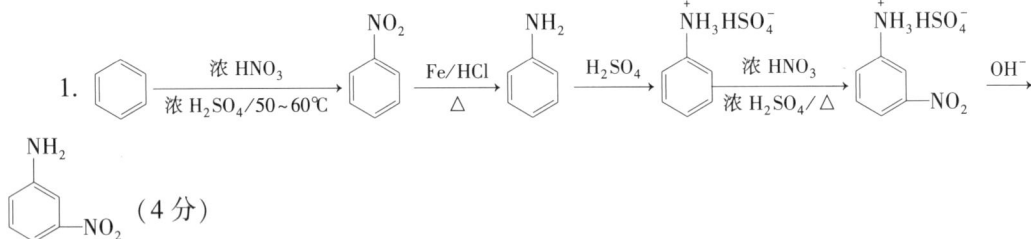

1. $\bigcirc \xrightarrow[\text{浓 }H_2SO_4/50\sim60℃]{\text{浓 }HNO_3} \bigcirc\!\!\!-NO_2 \xrightarrow[\triangle]{Fe/HCl} \bigcirc\!\!\!-NH_2 \xrightarrow{H_2SO_4} \bigcirc\!\!\!-\overset{+}{N}H_3HSO_4^- \xrightarrow[\text{浓 }H_2SO_4/\triangle]{\text{浓 }HNO_3} \bigcirc\!\!\!<^{\overset{+}{N}H_3HSO_4^-}_{NO_2} \xrightarrow{OH^-}$

$\bigcirc\!\!\!<^{NH_2}_{NO_2}$ （4分）

【解析】本题目标产物是在苯环上分别引入硝基和氨基。硝基可通过硝化反应引入，硝基还原可得氨基。因此，第一步在苯环上进行硝化反应，引入硝基。接下来思考是先还原硝基还是先引入第二个硝基。如果先引入第二个硝基再还原，那么两个硝基将都被还原，得不到目标产物，因此，第二步应该将硝基还原成氨基。氨基是邻对位定位基，这个时候直接引入硝基得不到目标的间位产物，此外，因为 HNO_3 是一个较强的氧化剂，而胺又易被氧化，所以苯胺用 HNO_3 硝化时，常伴随有氧化反应发生。为了避免这一副反应，可先将苯胺溶于浓 H_2SO_4 中，使之成为季铵盐，然后硝化，就可主要得到间硝基产物。

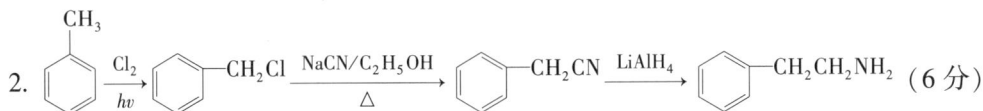

2. $\overset{CH_3}{\bigcirc} \xrightarrow[hv]{Cl_2} \bigcirc\!\!\!-CH_2Cl \xrightarrow[\triangle]{NaCN/C_2H_5OH} \bigcirc\!\!\!-CH_2CN \xrightarrow{LiAlH_4} \bigcirc\!\!\!-CH_2CH_2NH_2$ （6分）

【解析】本题的目标产物是比起始原料多一个碳原子的胺，可以用氯代烃与 NaCN 或 KCN 发生亲核取代反应，而后还原即可。所以本题甲苯先在光照条件下发生氯代反应而生成卤代烃，然后与 NaCN 反应，再还原即得到目标产物。

（只要合成过程合理，即可酌情给分）

参考文献

刘宗明，郭黎晓，任友达，1991. 如何学习有机化学[M]. 大连：大连理工大学出版社.

徐寿昌，1993. 有机化学[M]. 2版. 北京：高等教育出版社.

有机化学课程教学指导小组，1995. 有机化学解题指导[M]. 北京：高等教育出版社.

高鸿宾，1997. 实用有机化学辞典[M]. 北京：高等教育出版社.

王礼琛，1998. 有机化学学习指导[M]. 南京：东南大学出版社.

刘群，2001. 有机化学习题精解[M]. 北京：科学出版社.

裴伟伟，冯俊材，2002. 有机化学例题与习题[M]. 北京：高等教育出版社.

唐玉海，2002. 有机化学辅导及典型题解析[M]. 西安：西安交通大学出版社.

汪秋安，2003. 大学化学习题精解(上、下册)[M]. 北京：科学出版社.

CAREY F A，SUNDBERG R J，1983. Advanced Organic Chemistry[M]. 2nd ed. New York：Plenum Press.

FESSENDEN R J，FESSENDEN J S，1990. Organic Chemistry[M]. Boston：Willard Grant Press.

MEISLICH H，NECHAMKIN H，1999. Organic Chemistry[M]. New York：McGraw Hill.

SOLOMONS T W G，2000. Organic Chemistry[M]. 7th ed. New York：John Wiley & Sons，Inc.

附 录

附录 1　常见烃基的中英文对照表

结构式	CCS2017 中文名	CCS1980 中文名	中文俗名	英文俗名
$(CH_3)_2CH-$	丙-2-基	1-甲基乙基	异丙基	isopropyl
$CH_3CH_2CH(CH_3)-$	丁-2-基 1-甲基丙基	2-丁基 1-甲基丙基	仲丁基	*sec*-butyl
$(CH_3)_2CHCH_2-$	2-甲基丙基	2-甲基丙基	异丁基	isobutyl
$(CH_3)_2CHCH_2CH_2-$	3-甲基丁基	3-甲基丁基	异戊基	isopentyl
$(CH_3)_3C-$	1,1-二甲基乙基	1,1-二甲基乙基	叔丁基	*tert*-butyl
$CH_3CH_2C(CH_3)_2-$	1,1-二甲基丙基	1,1-二甲基丙基	叔戊基	*tert*-pentyl
$(CH_3)_3CCH_2-$	2,2-二甲基丙基	2,2-二甲基丙基	新戊基	neopentyl
$CH_2=CH-$	乙烯基	乙烯基		vinyl
$CH_2=CHCH_2-$	丙-2-烯基	2-丙烯基	烯丙基	allyl
$CH_2=C(CH_3)-$	丙-1-烯-2-基	1-甲基乙烯基	异丙烯基	isopropenyl
C_6H_5-	苯基	苯基		penyl
$C_6H_5CH_2-$	苯甲基	苯甲基	苄基	benzyl
$-CH_2-$	甲叉基	亚甲基	亚甲基	methylene
$(CH_3)_2C-$	丙-2-亚基	异丙亚基	异丙亚基	isopropylidene

附录 2　母体官能团的优先次序和作为取代基的中英文命名[a]

（来源：刘强，等，2018）

优先次序	基团	官能团名	取代基名	英文名
1	—COOH	羧酸	羧基	carboxy-
2	—SO$_3$H	磺酸	磺酸基	sulfo-
3	—COOR	酯	烷氧羰基	(R)-oxycarbonyl-[*]
4	—COX	酰卤	卤甲酰基	halocarbonyl-
5	—CONH$_2$	酰胺	氨基羰基（氨基甲酰基）	carbamoyl-
6	—CN	腈	氰基	cyano-
7	—CHO	醛	甲酰基	formyl-
8	—CO—	酮	氧亚基（氧代）	oxo-
9	—OH	醇、酚	羟基	hydroxyl-
10	—NH$_2$	胺	氨基	amino-
11	—C≡C—	炔	炔基	ynyl-
11	—C≡C—	烯	烯基	enyl-
11	—R		烷基	(R)-yl-[*]
12	—OR	醚	烷氧基	(R)-oxy-[*]
13	—X(—F，—Cl，—Br，—I)	卤-（氟-，氯-，溴-，碘-）	halo-（fluoro-，chloro-，bromo-，iodo-）	
14	—NO$_2$		硝基	nitro-

注：a　括号内为 cs1980 中文命名；　*　R 为天干英文名